教育部职业教育与成人教育司推荐教材
中等职业教育技能型紧缺人才教学用书

# 饰面镶贴与安装

(建筑装饰专业)

主编 周培元
参编 包 茹 范黎明
主审 孙玉红 郝 俊

中国建筑工业出版社

### 图书在版编目（CIP）数据

饰面镶贴与安装/周培元主编．—北京：中国建筑工业出版社，2006

教育部职业教育与成人教育司推荐教材．中等职业教育技能型紧缺人才教学用书．建筑装饰专业

ISBN 978-7-112-08629-0

Ⅰ．饰… Ⅱ．周… Ⅲ．饰面-建筑装饰-工程施工-高等学校：技术学校-教材 Ⅳ．TU767

中国版本图书馆 CIP 数据核字（2006）第 140434 号

---

教育部职业教育与成人教育司推荐教材
中等职业教育技能型紧缺人才教学用书

## 饰面镶贴与安装
（建筑装饰专业）

主编　周培元
参编　包　茹　范黎明
主审　孙玉红　郝　俊

\*

中国建筑工业出版社出版（北京西郊百万庄）
新华书店总店科技发行所发行
霸州市顺浩图文科技发展有限公司制版
北京富生印刷厂印刷

\*

开本：787×1092 毫米　1/16　印张：8½　字数：205 千字
2007 年 1 月第一版　2007 年 1 月第一次印刷
印数：1—3000 册　定价：16.00 元
ISBN 978-7-112-08629-0
（15293）

**版权所有　翻印必究**
如有印装质量问题，可寄本社退换
（邮政编码 100037）

本社网址：http://www.cabp.com.cn
网上书店：http://www.china-building.com.cn

本教材是根据《中等职业学校技能型紧缺人才培养培训指导方案》和建筑装饰专业"教育标准"与"培养方案"的要求编写的。

本书着重介绍现代建筑装饰工程中，最常用的抹灰工程、填充隔墙砌筑、饰面砖镶贴、石材镶贴与安装的施工工艺、技术要点等方面的相关知识，同时提供了有代表性的实训课题操作技能训练的实施方案。

本书打破了传统专业教材的编写模式，体现了中等职业学校必须围绕就业导向，以能力培养为本位的思想，以项目法教学为手段，首先介绍饰面镶贴与安装工程的基本知识、常用材料和施工机具运用，然后分课题进行施工工艺、技术要点等方面的叙述，将这些知识进行有机整合，图文并茂、通俗易懂、数据实用而规范，并为读者进一步了解相关知识或查找有关资料作出提示。

本书主要用于中等职业学校建筑装饰及相关专业教学，也可作为相关行业岗位培训教材或自学用书。

\* \* \*

责任编辑：朱首明　陈　桦
责任设计：董建平
责任校对：张树梅　孙　爽

# 出 版 说 明

为深入贯彻落实《中共中央、国务院关于进一步加强人才工作的决定》精神，2004年10月，教育部、建设部联合印发了《关于实施职业院校建设行业技能型紧缺人才培养培训工程的通知》，确定在建筑（市政）施工、建筑装饰、建筑设备和建筑智能化四个专业领域实施中等职业学校技能型紧缺人才培养培训工程，全国有94所中等职业学校、702个主要合作企业被列为示范性培养培训基地，通过构建校企合作培养培训人才的机制，优化教学与实训过程，探索新的办学模式。这项培养培训工程的实施，充分体现了教育部、建设部大力推进职业教育改革和发展的办学理念，有利于职业学校从建设行业人才市场的实际需要出发，以素质为基础，以能力为本位，以就业为导向，加快培养建设行业一线迫切需要的技能型人才。

为配合技能型紧缺人才培养培训工程的实施，满足教学急需，中国建筑工业出版社在跟踪"中等职业教育建设行业技能型紧缺人才培养培训指导方案"（以下简称"方案"）的编审过程中，广泛征求有关专家对配套教材建设的意见，并与方案起草人以及建设部中等职业学校专业指导委员会共同组织编写了中等职业教育建筑（市政）施工、建筑装饰、建筑设备、建筑智能化四个专业的技能型紧缺人才教学用书。

在组织编写过程中我们始终坚持优质、适用的原则。首先强调编审人员的工程背景，在组织编审力量时不仅要求学校的编写人员要有工程经历，而且为每本教材选定的两位审稿专家中有一位来自企业，从而使得教材内容更为符合职业教育的要求。编写内容是按照"方案"要求，弱化理论阐述，重点介绍工程一线所需要的知识和技能，内容精炼，符合建筑行业标准及职业技能的要求。同时采用项目教学法的编写形式，强化实训内容，以提高学生的技能水平。

我们希望这四个专业的教学用书对有关院校实施技能型紧缺人才的培养具有一定的指导作用。同时，也希望各校在使用本套书的过程中，有何意见及建议及时反馈给我们，联系方式：中国建筑工业出版社教材中心（E-mail：jiaocai@cabp.com.cn）。

中国建筑工业出版社<br>
2006年6月

# 前　言

根据建设行业技能型紧缺人才培养指导方案的指导思想，本书按照中等职业学校以就业为导向，以能力为本位的教学要求编写。"饰面镶贴与安装"是建筑装饰专业（施工）的核心教学与训练项目之一。本书编写打破传统专业教材模式，体现项目法教学的特点，先介绍基本知识、常用材料和施工机具运用，然后分课题进行施工工艺、技术要点等方面的叙述，将这些知识有机整合，本教材图文并茂、通俗易懂、数据准确规范，突出综合性并按照培养目标要求，拟订了一整套分阶段、分步骤循序渐进式的以操作技能训练为主的实施课题。

教材内容为体现以构造、施工工艺、技术要点为主线，项目法教学法为主体的特点，将镶贴与安装工程常用的构造形式及施工工艺划分为抹灰工程、填充墙体砌筑、饰面砖镶贴、石材镶贴与安装等四类，将每一类型作为相对独立的项目，集中在一个单元。为了避免相似内容的重复，将各类常用材料及工程施工机具等共性的内容，集中在第二单元介绍。

教材内容力求体现新工艺、新材料、新机具，突出实用性，力求创新，强调规范性。本书编写中以现行的国家标准、行业标准和国家建筑标准设计图集为依据，以最新版的建筑装饰设计、施工、材料、五金手册为参考，并以国家教育部和建设部提出的培养中等职业技能型人才目标为核心。教材力求图文并茂，形象体现相关内容。教材对教学活动既有明确的指导性，也有一定程度的参考性和引导性，以利于教师和学生创新思维、创新能力的发挥。

本书主要用于中等职业学校建筑装饰及相关专业教学，也可作为相关行业岗位培训教材或自学用书。

本书由上海市建筑工程学校专业教师周培元主编，并编写第一单元、第二单元、第六单元和每单元的施工构造图、施工工艺部分等内容；其他单元由上海市建筑工程学校教师包茹、室内装饰设计师范黎明参编；分别编写单元中材料、施工工艺和技术要点等内容；并在此感谢刘仲善、沈民康、王萧、张道晶、周帆、陈燕萍、王羽圣等人帮助与支持。由于作者水平有限，本书如有不足乃至错误之处，谨请专家、读者给予批评指正。

# 目 录

## 单元1 饰面镶贴与安装工程概述 ... 1
课题1 饰面镶贴与安装工程基本知识 ... 1
课题2 抹灰工程的概述 ... 7
课题3 环境保护的基本知识 ... 9
思考题 ... 14

## 单元2 常用材料与施工常用工具 ... 15
课题1 镶贴与安装工程常用材料 ... 15
课题2 施工机具 ... 34
思考题 ... 38

## 单元3 抹灰工程施工工艺 ... 39
课题1 抹灰前期准备 ... 39
课题2 一般抹灰施工工艺 ... 42
课题3 装饰抹灰的施工工艺 ... 47
课题4 建筑堆塑工艺的基本知识 ... 58
实训课题1 抹灰工艺认识训练 ... 59
实训课题2 抹灰基层处理练习 ... 61
实训课题3 墙面做灰饼挂线、冲筋练习 ... 62
实训课题4 墙面打底与找平练习 ... 63
实训课题5 内墙普通抹灰练习 ... 64
实训课题6 外墙普通抹灰练习 ... 65
实训课题7 房间水泥砂浆地面抹灰练习 ... 67
实训课题8 方柱普通抹灰练习 ... 68
实训课题9 装饰抹灰(水刷石)练习 ... 70
实训课题10 装饰抹灰(拉毛)练习 ... 71
实训课题11 装饰抹灰(斩假石)练习 ... 72
思考题 ... 74

## 单元4 填充隔墙砌筑施工工艺 ... 75
课题1 施工准备及常见质量问题 ... 75
课题2 填充墙体砌筑施工工艺流程及技术要点 ... 77
实训课题1 轻骨料小型混凝土空心砌块隔墙砌筑实训 ... 83
实训课题2 多孔空心砖隔墙体砌筑实训 ... 84
思考题 ... 86

## 单元5 饰面砖镶贴施工工艺 ... 87

| 课题1 | 饰面砖镶贴的施工准备 | 87 |
| 课题2 | 内墙饰面砖镶贴施工工艺 | 89 |
| 课题3 | 外墙饰面砖铺贴施工工艺 | 93 |
| 课题4 | 瓷砖地面镶贴的施工工艺 | 96 |
| 课题5 | 陶瓷锦砖（马赛克）的墙地面镶贴施工工艺 | 97 |
| 实训课题1 | 内墙饰面砖镶贴实训 | 99 |
| 实训课题2 | 室内地面砖镶贴实训 | 101 |
| 实训课题3 | 外墙饰面砖镶贴实训 | 102 |
| 思考题 | | 105 |

## 单元6 石材镶贴与安装施工工艺  106

| 课题1 | 石材饰面湿贴法施工工艺 | 106 |
| 课题2 | 石材饰面锚固灌浆法施工工艺 | 108 |
| 课题3 | 石材饰面卡件固定干挂法施工工艺 | 113 |
| 课题4 | 石材饰面背栓式干挂法施工工艺 | 115 |
| 实训课题1 | 石材饰面锚固灌浆法实训 | 117 |
| 实训课题2 | 石材饰面卡件固定干挂法实训 | 119 |
| 实训课题3 | 石材饰面背栓式干挂法实训 | 120 |
| 实训课题4 | 石材湿贴地面实训 | 121 |
| 思考题 | | 122 |

附录一  123

附录二  127

参考文献  128

# 单元 1　饰面镶贴与安装工程概述

**单元提要**

本单元主要介绍饰面镶贴与安装工程的定义和发展，提出我国采用新型环保材料的重要性，举例说明了填充墙墙体材料、抹灰材料、饰面砖、石材等在装饰装修工程中的发展和应用，同时强调环境保护在建筑装饰装修工程中的重要性，列举了几种室内污染源和危害及防止措施，宏观地提出可持续发展的内涵和人们使用绿色建材的需求。另外，抹灰工程作为饰面镶贴工程的前提工程，其质量直接影响到镶贴安装工程的好坏。抹灰施工工艺是作为镶贴工需要掌握的施工技能，因此，在本单元也介绍了抹灰工程的基本知识。让初学者在本单元中了解饰面镶贴工程，了解新材料的应用和发展，从而认识到环境保护、可持续发展和使用绿色建材的重要性。

## 课题 1　饰面镶贴与安装工程基本知识

### 1.1　饰面镶贴与安装工程的定义

饰面：指装饰装修工程中的室内外各界面的总称，本教材主要指建筑室内外墙面与地面。

镶贴：镶嵌与粘贴，主要指运用饰面板材如地砖、陶瓷锦砖等材料对各饰面进行镶嵌和粘贴。

安装：是指石材等大块板材的固定及安装，本书主要是指花岗石、大理石和人造石材等板材的干挂、安装。

饰面镶贴与安装工程是建筑装饰装修工程中的一个重要内容，是在建筑物的主体结构完工之后，在建筑室内外各界面（顶、墙、地）的基层上，运用砂浆、饰面砖、石材等饰面材料及相应施工工艺通过施工技术手段，进行装饰装修的整个过程。

### 1.2　饰面镶贴与安装工程的发展

饰面镶贴与安装工程的发展，主要是指材料的更新换代和新工艺的应用。随着科学技术的发展和物质经济条件的改善，人们对环境保护的需求日益提高，大量新型环保建材的涌现，使传统施工工艺不断改变，新材料、新工艺、新技术带动了建筑镶贴与安装工程的发展。下面主要介绍轻质墙体材料、抹灰材料、饰面砖、石材等饰面材料的推广和应用。

#### 1.2.1　轻质墙体材料的发展

（1）采用新型材料取代黏土砖

黏土砖一直是我国房屋建筑装饰工程中的主要墙体材料，但是制作和使用黏土砖要破坏大量的耕地，我国人口众多，土地资源相对匮乏，我国相关部门通过立法限制黏土实心砖的使用和生产。目前取而代之的是轻骨料混凝土小型空心砌块、普通混凝土小型空心砌块、粉煤灰砌块、硅酸盐砌块、加气混凝土砌块等。并且，还在进一步开展新型模数多孔砖砌体的研究工作，采取措施，提高外墙和内墙的保温、隔热、防水性能。

(2) 新型轻质墙体材料的推广与应用

新型墙体材料具有节土、节能、轻质、高强、保温、隔热、施工效率高、改善建筑功能、增加房屋使用面积，以及保护环境等一系列优点。目前，我国新型墙体材料总量约占墙体材料总量的36%，尽管产品的种类和生产企业数量不少，但是大多数企业生产技术水平低、产品质量差、应用技术不配套，企业的平均生产规模小，甚至小于传统黏土砖厂的规模，新型墙体材料发展的基础很不牢固。

发达国家墙体材料的结构已趋于合理，生产与应用水平较高，且已制定了完善的标准和规范体系。虽然我国十多年来国家推进墙体材料革新，制定了一系列的经济政策和产业技术政策，鼓励和规范新型墙材发展，但是新型墙材发展仍然存在盲目性，许多企业的发展过分注重经济效益而忽视产品质量、性能，更没有兼顾资源条件、环境保护、能源节约和建筑功能的改善。同时，在建筑应用方面，由于设计和施工人员对新型墙材产品性能和特点了解不深，往往只按设计和施工上的某些片面要求选择产品，而忽略了产品材性和其他特点，造成产品应用的混乱。出现这些状况的主要原因是我国在大力推广新型墙体材料的同时，没有建立相应的新型墙体材料的全面评价标准，不仅企业在发展其产品的时候缺少产品定位的科学依据，而且用户在选择墙体材料时也没有明确的产品评价标准可依。因此，建立一套科学、完整、可量化的新型墙体材料综合评价方法势在必行。

### 1.2.2 饰面抹灰工程的发展

(1) 饰面抹灰的特点与作用

饰面抹灰工艺简单，具有易操作、易成型的特点，而且保护结构，可以用来创造出随意的曲线。抹灰砂浆是当前较为传统的装饰材料，具有保温、隔热、隔声等作用。它更是很好的装饰材料，易做浮雕装饰外，可抹成仿砖、仿石材，也可以做成水刷石、剁斧石、斩假石、水磨石、拉条灰、拉毛灰、喷涂饰面、滚涂饰面、弹涂饰面等。饰面抹灰工艺也是涂料、墙纸、瓷砖、粘贴石材的基层工艺。

(2) 新型抹灰材料的推广与应用

1) 粉刷石膏

提起建筑物的墙面抹灰材料，人们总会想到传统的材料——水泥砂浆。然而，目前一种新型抹灰材料已研制并使用，这就是粉刷石膏。袋装粉刷石膏如图1-1所示。

粉刷石膏是以熟石膏为胶凝材料，辅以少量优质外加剂混合成的干混料。

在内墙施工中，长期以来一直用传统的水泥砂浆抹灰，存在易开裂、空鼓、落地灰多、顶棚易脱落、凝结硬化慢等缺陷。粉刷石膏的使用，有效地消除了传统材料的通病，且具有许多传统材料无可比拟的优点：

(a) 粘结力强，几乎与各种墙体基材都有较好的粘结性能，抹灰时不用刷任何界面剂，由于粉刷石膏具有微膨

图1-1 袋装粉刷石膏

胀性,有效抑制抹灰的收缩开裂现象,较好地解决了水泥砂浆抹灰空鼓、开裂、脱落等通病。

(b) 表面装饰性好,表面致密光滑、不起鼓、不收缩、无毒、无味、不破裂,可达到高级抹灰效果。

(c) 阻燃性好,粉刷石膏凝结后,有大量结晶水,在受热情况下,结晶水被释放出来,形成蒸汽,阻挡了火势蔓延。

(d) 保温隔热性好,石膏制品的导热系数一般在 $0.35W/(m·K)$ 左右,仅为水泥混凝土制品的 25%,黏土砖的 30%,同时粉刷石膏固化后可有效防止声波传递,故隔声效果良好。

(e) 节省工期:粉刷石膏整个硬化过程仅为 $1\sim 2d$,施工工期比传统水泥砂浆固化时间缩短 70% 左右。

(f) 施工方便,易抹、易刮平、易修补、劳动强度低、耗材少、冬期施工效率高。

(g) 具有良好的呼吸功能,粉刷石膏在硬化过程中,可形成微小蜂窝状呼吸孔,具有吸湿排湿功能,提高了居住舒适感。

(h) 质轻,密度仅为 $100kg/m^3$,分别是水泥的 56%,石灰的 75%,对减轻建筑物的自重有深刻意义。

2) 防裂防水胶粉

防裂防水环保胶粉已研发成功并投产。这种产品能完全替代水泥砂浆,是对传统墙体抹灰材料的一场革命。袋装防裂防水胶粉如图 1-2 所示。

防裂防水建筑环保胶粉与传统建材水泥砂浆比,这种新建材不含有机挥发物、防火性能好、重量仅为水泥砂浆的 1/20 左右。其成本虽然比水泥砂浆稍高,但节省人工,使用耐久。类似的新型建材目前在国外已普遍使用,而国内尚处于起步阶段。

在地砖镶贴工程中,将环保胶粉和水后,用专用的尺型刀刮在地面上,然后铺贴地砖,地砖就会牢牢与地面紧密接触,不会出现空鼓现象。

环保胶粉系列产品从外墙到内墙,共分为通用瓷砖胶粉、高强瓷砖胶粉、柔性瓷砖胶粉、地面瓷砖胶粉、可呼吸内墙粉末涂料、自清洁外墙粉末涂料、外墙外保温系统用胶粘剂及罩面胶粉等 7 大类,既节约,又环保,不含有机挥发物。

图 1-2 袋装防裂防水胶粉

### 1.2.3 陶瓷制品镶贴工程的发展

(1) 陶瓷制品镶贴的功能与特点

陶瓷制品镶贴材料是一种很好的装饰材料,完善了抹灰工艺,增加了观赏性、耐久性、易清洗性和增加了对结构的保护作用。工艺也从砂浆镶贴向胶粘结转移。

(2) 新型陶瓷制品材料的推广与应用

陶瓷制品也随着时代的发展、科技的进步,其花色、品种、性能都发生了极大的改变,在装饰性和实用性方面不断完善,以满足时代的需要。下面就介绍几种新型材料。

1) 彩色柔性饰面砖

新型建筑化学材料——彩色柔性饰面砖是以无机材料作为主要基材,配以高分子聚合物,再经过特殊工艺加工而成的一种新型内外墙装饰面材。由于其颜色、结构、形状可按用户的要求进行特殊的调配,并且施工简单,耐久性好,特别是外观表面造型与传统的黏土砖十分相似,在当今高度发达的现代化社会里给人一种古朴素雅的美感,产生回归自然的联想。

彩色柔性饰面砖在欧洲发达国家已有几十年的生产、施工经验,属于非常成熟的先进技术。与国内传统的装饰面材相比,这种面砖以其优良的品质、简捷的施工、超前的环保意识而逐步为国内建筑界所接受。彩色柔性饰面砖的引入,将有助于国内建筑业尽快向国际先进水平看齐,必将对国内传统的建筑材料的更新换代产生积极的影响。柔性饰面砖在国内的生产将大大丰富国内外墙装饰面材市场,与涂料、瓷砖等装饰面材形成三足鼎立的局面。柔性饰面砖粘贴过程如图1-3所示。

图1-3　柔性饰面砖粘贴过程图
(a) 抹胶粘剂;(b) 粘贴柔性饰面砖;(c) 勾缝

(a) 彩色柔性饰面砖的适用范围:适用于各种新老建筑物的室内外装饰装修;可用于写字楼、医院、商店、饭店、酒吧等公共场所的室内外装饰装修;可用于家庭住宅及高档公寓、别墅等内外墙的装饰装修;特别适合于国内高层建筑外墙外保温的外墙装饰。

(b) 彩色柔性饰面砖的性能:造型各异的表面结构丰富多彩;厚度仅为3~5mm,重量很轻;形状、大小、颜色可按用户的要求调配;防水抗渗,透气,抗收缩;具有很好的柔性;具有良好的机械强度,能抵抗一定的机械冲击力;施工简单,耐久性好;与基底有很强的粘结力。

(c) 彩色柔性饰面砖的粘贴是用一种特殊的胶粘剂,其材料的性能与这种面砖相近,两者之间有良好的粘结性,可以配制成与这种面砖相近或用户所需要的颜色,砖缝处理简单,属环保型胶粘剂,对基底层无特殊要求,施工简单。

目前在国内装饰材料市场上,除了外墙涂料以外,采用这种面砖恰好弥补了瓷砖饰面材料的不足,为外墙外保温的高层建筑物提供了一种全新的装饰理念。

2) 微晶玻璃饰面材料

微晶玻璃饰面材料是最近两年才兴起的一种新型装饰材料,由于其具有独特的高贵典雅的装饰效果和零吸水率,在市场上作为高档贴面材料,很受消费者的欢迎。

这种微晶玻璃材料经抛光后,墨绿色的底色中,悬浮着许多互相孤立的像小金箔一样闪闪发光的金色薄片状晶体,还有自然相连的多姿多态的绿色丝网状晶体,具有强烈的立体感。同时还有细小分散的金星闪光的点状晶体,犹如黑夜中繁星闪烁熠熠生辉,墨绿色中的绿犹如翠玉一般,类似自然界天然的砂金石。如此多的特征组成梦幻般的景观,仔细欣赏,越看越深邃,耐人寻味。

3) 彩晶石地面装饰材料

一种新型的地面装饰装修材料——彩晶石复合地板。彩晶石地板肌理效果如图1-4所示。

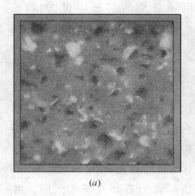 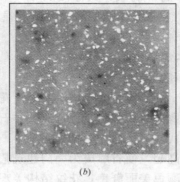 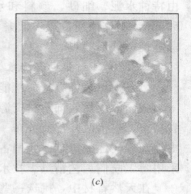

(a) (b) (c)

图1-4 彩晶石地板肌理效果
(a) 琥珀晶;(b) 蓝白星;(c) 红珊瑚

彩晶石是一种新型的人工合成材料,即是由精制的彩色石英砂和特种高分子树脂复合而成的合成石,或者是由人造复合板材为基材,表面由薄层的彩砂树脂耐磨装饰层复合而成的合成石。它通过一种或多种不同颜色的彩色石英砂自由搭配,形成具有比天然花岗石更加丰富多彩的装饰色彩及图案,具有装饰质感优雅、耐磨损、耐化学腐蚀、防滑、防火、防水等优点。

彩晶石能像复合木地板一样进行无缝拼接安装。安装完后的彩晶石地板整体无缝,表面清亮洁净,不怕水,不起灰,不藏污纳垢,易清洁,易维护,而且脚感舒适,保温性能好。同时,彩晶石地板既不像复合木地板那样有甲醛、氨等有害气体释放,也不像某些花岗石、瓷砖那样有放射性物质的危害,是较理想的绿色环保产品。

彩晶石适合室内建筑的各种场合的装饰装修,极大地扩展了材料的使用范围。

(a) 特别适用于居室客厅、廊厅、厨房、卫生间等。

(b) 适用于具有环境雅致、清洁及防滑等功能要求的公共场所,如楼堂大厅、超级商场、娱乐或体育场馆等。

(c) 适用于具有高洁净度要求的场所,如医院、商业大楼、写字楼、办公室等。

(d) 适用于具有特殊要求的地面,如对清洁度、防静电、防火、防水等有要求的食品、医药、电子行业等的生产加工车间以及库房;有耐化学性能要求的精细化工车间及库房。

4) 彩色复合地砖

彩色复合地砖的特点:新颖、制作简便。该产品生产工艺采用自然塑化一次成型,免烧、免抛光,原材料来源广泛,如水泥、砂子等及部分化工原料。该产品抗压好,强度好，不变形，无"三废"排放，属绿色环保产品。

品种多、花色全、色彩美。该产品采用水泥、优质石英砂和特殊致密光亮剂，釉面光泽柔和，花纹图案品种多，花色全，不易褪色，色彩艳丽，防滑耐酸碱，还可根据需要任意设计花形花样，极具装饰性，且价格大大低于天然大理石，质量优于菱镁材料、水泥、砂等所制地砖。

这种地砖适宜于铺设城乡道路，其结构为：具有一混凝土基层，在混凝土基层上覆盖一彩色面层，混凝土基层和彩色面层结合成一体，构成具有复合层的彩色地砖。彩色面层由特种水泥、细砂、颜料和水混合制成，其厚度为 $10\sim15mm$，地砖的总厚度为 $30\sim50mm$，制作简便，成本低廉，不仅整体强度高，耐用性强，而且彩色面层表面光洁，色彩鲜艳，外形美观。

### 1.2.4 石材镶贴与安装工程的发展

(1) 天然装饰石材的功能和特点

我国的天然装饰石材资源十分丰富，分布广泛，无论花岗石还是大理石，在全国很多省（市、自治区）都有分布。我国"石文化"源远流长，石材对人类的生活、生产具有历史性和现实性的贡献。我国古代建筑虽然以木构体系为主，但石材雕刻、装饰构件也大量采用，工匠们工艺精湛、技术高超，使石雕成为一门建筑艺术，供人们欣赏、使用。

在天然石材中，挑选一些颜色美丽鲜艳，花纹结构美观清晰，岩石顽变坚固耐用，并且可加工的岩石作为花饰石材。石材耐久性好、耐磨、耐酸、耐腐蚀、吸水率低，因此可大量使用。但是，由于石材是不可再生资源，如大量开采、使用，会破坏植被，造成环境恶化，而且有些石材具有很强放射性，如果用在室内，对人体的危害很大。

(2) 新型石材镶贴材料的推广与应用

目前我国的石材幕墙，准确说是干挂石材，属于石材饰面的一项技术，也可以称为是利用连接件将饰面石材安装在建筑物表面的一种施工工艺。近年来，干挂石材技术应用很广，各地的操作工法也很多。我国作为世界石材生产、消费、出口大国，目前石材装饰板材年消耗量已经达到 $1.6$ 亿 $m^2$。随着国民经济的持续快速增长，全国建设总体规模继续扩大。因此，我国的石材幕墙还将稳步发展。然而，天然石材资源是有限的，终究要有替代品。

21世纪是化学建材的世纪，而人造石材是化学建材主要品种之一，因为它属于高分子复合材料，具有较好的力学性能和较强的可塑性，能制出既结实又精美的艺术建材产品，是典型的"三性"（结构性、装饰性、艺术性）建材。较之天然石材，生产成本低廉，为大面积、大空间地创造人类生活的文化艺术环境提供了可能。与天然石材相比，有以下特点：

1) 人造石材的品种繁多，它不但具有天然石材的纹理和质感，而且没有色差和纹路差异，用户在选购时不用担心因为存在色差而影响整体装修效果。

2) 人造石材表面没有孔隙，油污、水渍不易渗入，因此抗污力强，容易清洁。

3) 人造石材的厚度较天然石材薄，本身质量比天然石材轻，搬运方便，若用于铺设地面，可减轻楼体承重。

4) 人造石材的背面经过波纹处理，因此，施工时与基体易于粘结，施工工艺简单，铺设后的墙、地面质量更可靠。

5）人造石材的成本只有天然石材的1/10，且无放射性，是目前最理想的绿色环保材料，符合21世纪人们的消费理念。

6）人造石材的主要原料是天然石粉，完全是废物利用。

人造石材除具有以上的优点外，与天然石材相比，由于同类型板材的色泽与纹理完全一样，缺少了自然天成的纹理和质感，因此，视觉上略有生硬呆板的感觉。

## 课题2 抹灰工程的概述

### 2.1 抹灰工程的概念、作用及应用范围

2.1.1 抹灰工程的概念

用水泥、石灰、石膏、砂（或石粒等）及其砂浆，涂抹在建筑物的墙、顶、地、柱等表面上，直接做成饰面层的装饰工程，称为"抹灰工程"，又称"抹灰饰面工程"。我国有些地区也把抹灰习惯地叫作"粉饰"或"粉刷"。

2.1.2 抹灰工程的作用

（1）满足使用功能要求。抹灰层能起到保温、隔热、防潮、防风化、隔声等作用。

（2）满足美观的要求。抹灰层能使建筑物的界面平整、光洁、美观、舒适。

（3）保护建筑物。抹灰层能使建筑物或构筑物的结构部分不受周围环境中风、雨、霜、雪、日晒、潮湿和有害气体等不利因素的侵蚀，延长建筑物的使用寿命。

2.1.3 抹灰工程的应用范围

包括室内外墙面、柱面、室内顶棚、楼地面、楼梯、室外腰线、屋顶挑檐、门头等。

### 2.2 抹灰工程的特点

抹灰工程是建筑装饰工程中的一个重要组成部分。它具有工程量大、工期长、用工多、占用建筑物总造价的比例高等特点。从工程量上看，一般民用建筑每平方米的建筑面积就有$3\sim5m^2$的内表面抹灰和$0.15\sim0.9m^2$的外表面抹灰，高级装饰的外表面抹灰可达$0.75\sim1.5m^2$。从施工上看，一般民用建筑的抹灰工期约占整个工期的30%～40%，公共建筑的高级抹灰可达40%以上。从用工上看，一般民用建筑的抹灰用工量约占总用工量的30%～40%。从工程造价上看，抹灰工程的造价约占总造价的10%～15%。

### 2.3 抹灰工程的分类

2.3.1 按基层材质分类

（1）黏土实心砖、黏土空心砖、普通混凝土小型空心砌块、轻骨料混凝土小型空心砌块等墙体抹灰。

（2）现浇混凝土墙体抹灰及顶板抹灰。

（3）预制混凝土顶板抹灰。

（4）加气混凝土墙体抹灰。

（5）板条或钢板网抹灰。

### 2.3.2 按使用要求分类

(1) 普通抹灰

适用于一般民用住宅、商店、学校、医院等，抹灰要求基层底灰，一层填充找平层，一层面层。其主要工序是基层清理、毛化（即粗糙化）或涂刷界面剂、湿润、做灰饼、冲筋、阴阳角找方、分层找平、修整、表面压光、表面垂直度、平整度的检查。

(2) 高级抹灰

适用于大型公共建筑、纪念性建筑物（如剧院、礼堂、博物馆和高级公寓）以及有特殊要求的高级建筑物等。高级抹灰要求做底层、中层、面层，三遍抹灰，分层找平。修整和表面压光，要求光滑洁净，色泽一致，抹纹顺理，棱角垂直清晰，大面垂直平整值应符合相应规范的规定。

### 2.3.3 按使用材料及其装饰效果不同分类

根据使用材料及装饰效果的不同，抹灰工程可分为一般抹灰、装饰抹灰和特种砂浆抹灰三种类型。

(1) 一般抹灰

一般抹灰通常是指用石灰砂浆、水泥砂浆、混合砂浆、聚合物水泥砂浆、膨胀珍珠岩水泥砂浆和麻刀石灰、纸筋石灰、石灰膏等材料的抹灰。

(2) 装饰抹灰

根据施工方法和装饰效果的不同，装饰抹灰又分为下列三种类型：

1）混合类装饰抹灰。它包括拉毛灰、洒毛灰、搓毛灰、扒拉灰、扒拉石、拉条灰、仿石抹灰和假面砖等。

2）石粒类装饰抹灰。它包括水刷石、干粘石、斩假石、水磨石以及机喷石、机喷石屑和机喷砂等。

3）聚合物水泥砂浆装饰抹灰。它包括喷涂、滚涂和弹涂等。

(3) 特种砂浆抹灰

根据建筑物的特殊功能要求的不同，特种砂浆抹灰又分为保温隔热砂浆抹灰、耐酸砂浆抹灰和防水砂浆抹灰等。

## 2.4 抹灰层的构造组成

抹灰通常是由底层、中层、面层组成。底层主要起粘结作用，中层主要起找平作用。灰浆或砂浆彼此粘着并牢固地附着在不同材质的基层上，形成保护层、保温层、隔热层。但是多数砂浆在凝结硬化过程中，都有不同程度的收缩，这种收缩无疑对抹灰的层与层之间或是与基层之间的粘着力产生影响，所以在操作过程中应控制基层与其他层的间隔时间和一次抹的厚度。

## 2.5 抹灰工程的质量要求

抹灰工程的质量关键是粘结牢固，无开裂、空鼓与脱落，如果粘结不牢固，出现空鼓、开裂、脱落等缺陷，会降低对墙体的保护作用，且影响装饰效果。经研究分析，抹灰层之所以出现开裂、空鼓和脱落等质量问题，其主要原因是基体表面清理不干净。主要表现为：

（1）基体表面的尘埃及松散物、隔离剂和油渍等影响抹灰粘结牢固的物质未彻底清除干净。

（2）基体表面光滑，抹灰前未做毛化处理或未涂刷界面剂。

（3）抹灰前基层浇水不透，抹灰后砂浆中的水分很快被基体吸收，使砂浆中的水泥未充分水化生成水泥石，影响了砂浆粘结力。

（4）砂浆质量不好，使用不当（稠度和保水性差）。

（5）一次抹灰过厚，干缩率较大，或者各层抹灰间隔时间太短。

（6）抹灰累积厚度过大，没有必要的加强措施。

（7）不同材料基体交接处由于吸水和收缩不一致，接缝处表面的抹灰层容易开裂。

（8）冬期抹灰，底层灰受冻，或砂浆在硬化初期受冻。

以上现象都是影响抹灰层与基体粘结牢固的因素。

（9）有防水层的地面与墙面交接处的找平层阴角应抹成圆弧形，但弧度应满足贴砖要求。

## 课题3 环境保护的基本知识

### 3.1 室内环境的污染源简介

室内环境的污染源，主要是由装饰建材所携带的化学物所造成的，在越来越注重环保和健康的今天，室内环境污染成了我们迫切需要解决的问题。

3.1.1 甲醛污染

（1）认识甲醛

说起甲醛，我们要知道究竟什么是甲醛。甲醛是一种无色、有刺激性的气体。相对密度0.815（-20℃），熔点-92℃，沸点-19.5℃，燃点约300℃；易溶于水和乙醇，在碱性溶液中有强还原作用。其40%的甲醛水溶液称"福尔马林"，此溶液的沸点为19℃，故在室温时极易挥发，遇热更甚。

甲醛是重要的有机化工原料，广泛应用于树脂合成、工程塑料、农药、医药、染料等行业，主要用作消毒剂，也可作胶粘剂，为乌洛托品、酚醛树脂、脲醛树脂、合成树脂、合成纤维、工程塑料聚甲醛、三羟甲基丙烷等的原料。

（2）甲醛的来源

主要来源于胶合板、细木工板、中密度板、纤维板和树脂类涂料和保温、隔声、隔热的脲醛泡沫塑料等。

（3）安全标准

国家对于甲醛的安全标准是这样规定的：

1）对人体的健康最高允许空气含量浓度 $0.08mg/m^3$；

2）实木复合地板中的甲醛含量是：A类实木复合地板甲醛释放量小于和等于9毫克/100克（9mg/100g）；B类实木复合地板甲醛释放量大于9～40毫克/100克（9～40mg/100g）；

3）人造板材中甲醛释放量应小于0.20毫克/立方米（$0.20mg/m^3$）；

4) 木地板中甲醛释放量应小于 0.12 毫克/立方米（0.12mg/m³）。

(4) 主要危害

室内含量为 0.1mg/m³ 时就有异味和不适感；0.5mg/m³ 可刺激眼睛，引起流泪；0.6mg/m³ 可引起咽喉不适或疼痛；浓度高时可引起恶心、呕吐、咳嗽、胸闷、气喘，甚至肺水肿。长期接触低剂量甲醛可引起呼吸道疾病甚至引起鼻咽癌。

(5) 防治

选用甲醛含量低的胶合板、细木工板、中密度板等板材装饰室内空间。材料进场应有检测报告和复验报告。

如果已选用了甲醛含量较高的胶合板、细木工板、中密度板等板材装饰房屋，那么要保持通风和采用甲醛清除剂等来处理。

### 3.1.2 放射性污染

(1) 污染来源

主要来源于天然石材、建筑陶瓷（瓷砖、卫生洁具、炉渣砖、黏土砖）等可能产生放射性的建筑材料。

(2) 主要危害

自发放出粒子或 γ 射线。长期受到超过允许标准的照射会产生头晕、头痛、乏力、记忆力减退、失眠、食欲不振、脱发、白细胞减少导致白血病等。

(3) 防治

经检测后分类使用，A 类使用范围不受限制，B 类不可用于居室，C 类用于建筑物的外饰面。镭放射比活度大于 C 类，只能用于建筑物之外的其他构筑物。

另外尽量少用天然石材，要使用环保型人造板材。

### 3.1.3 氡气污染

(1) 污染来源

主要来于地基下含氡母体的土体和岩石以及含氡母体的黏土、砖石、煤渣、水泥、石子、沥青、花岗石、瓷砖、陶瓷、卫生洁具等。

(2) 主要危害

大部分胃癌在氡气污染区域发生。氡能导致不正常的细胞迅速分裂，进而发生白血病和呼吸道病变。氡及其子体是导致人体肺癌的主要危害因素之一。由氡及其子体的照射引起的肺癌占到患肺癌人群的 8% 到 20%。据不完全统计，我国每年因氡致肺癌人数达 5 万例以上。

(3) 防治

我国从 2002 年 7 月 1 日开始执行的十项强制性标准，通过该标准和建设部实施的《民用建筑工程室内环境污染控制规范》（GB 50325—2001），对氡气的污染作了强制性检验和控制。

1) 新建、扩建的民用建筑工程，设计前必须进行建筑场地土壤中氡浓度的测定并提供相应的检测报告。

2) 为了降低室内氡的污染，民用建筑工程设计必须根据建筑物的类型和用途选用符合规范规定的建筑材料和装饰材料。

如：Ⅰ类民用建筑工程（指住宅、医院、老年建筑、幼儿园、学校教室等）必须采用

A类无机非金属建筑材料和装修材料（所指A类是无机非金属装修材料，放射性指标限量。该限量应由检测部门测定）。

3) 为了对消费者的健康、安全负责，为了维护行业的正常发展和企业的合法利益，中国卫生陶瓷协会于2001年初对全国陶瓷产品的放射性进行了全面的权威性检测。检测结果表明绝大部分建筑卫生陶瓷产品（包括卫生洁具、瓷砖）属于A类，少量属于B类。由于陶瓷产品质量小于$8g/cm^2$，可按A类产品管理，产销与使用不受限制，即任何场合都可使用，但进货时应有检测报告。

### 3.1.4 苯类物质的污染

（1）污染来源

主要来源于各种胶粘剂、涂料和防水材料的溶剂和稀释剂。

（2）主要危害

苯化合物已被世界卫生组织确定为强烈致癌物质。人在短时间内吸入高浓度的甲苯、二甲苯时，可出现头痛、恶心、胸闷、乏力等症状，严重者可致昏迷，引起呼吸循环系统衰竭而死亡。甲苯和二甲苯也是易燃、易爆物品，挥发后遇明火会爆炸。

（3）防治

我国已通过相关规范和强制性标准，对胶粘剂、涂料等含苯有害物质作了严格的限量。

### 3.1.5 氨气污染

（1）污染来源

氨是在冬期施工时掺入混凝土或砂浆内作为防冻剂，氨能从混凝土或砂浆中释放到空气中，温度越高量越大。

（2）主要危害

氨气进入肺后，通过肺细胞进入血液，破坏氧运输功能。短期吸入后出现流泪、咽痛、声音嘶哑、咳嗽等症状。

（3）防治

国家近期公布的"关于实施室内装饰装修材料有害物质限量"十项标准之一《混凝土外加剂中释放氨的限量》（GB 18588—2001）。冬期施工时尽量少掺入含氨制品作为混凝土或砂浆的防冻剂。

### 3.1.6 粉尘污染

（1）污染来源

室内粉尘主要来源于室外粉尘，门窗不严，墙面、地面施工质量粗糙，特别是水泥地面的起砂等。

（2）主要危害

粉尘往往是细菌和污染物的载体，易传播疾病。

（3）防治

墙、地面面层光滑，无起泡裂缝，砖的勾缝要严实，外门窗应经风压检测合格。

### 3.1.7 噪声污染

（1）污染来源

室内产生和室外传入，污染源主要是工业、建筑、交通等的噪声。

(2) 主要危害

长期间的噪声环境对儿童的听力、大脑及性格都会产生伤害，会使人性格暴躁、工作效率降低、血压升高等。

(3) 防治

施工期间预留的孔洞应堵塞严密，抹灰无空鼓和裂缝，外窗双层玻璃边框胶条密封。采用具有隔声能力的轻质墙体和饰面装饰面材。

## 3.2 关于可持续发展和绿色环保建材简介

### 3.2.1 关于可持续发展

(1) 可持续发展的定义

可持续发展（Sustainable Development）一词最早见于 1962 年，美国海洋生物学家卡森的著作《寂静的春天》。这本书中提出的有关生态环境的观点后来被人们所接受。

20 世纪 70 年代，全球围绕"环境危机"、"石油危机"，爆发了一场关于"停止增长还是继续发展"的争论。"罗马俱乐部"的知识分子预言：在未来一个世纪中，人口和经济需求的增长将导致地球资源耗竭、生态破坏和环境污染。除非人类自觉限制人口增长和工业发展，否则，这一悲剧将无法避免。

可持续发展（Sustainable Development）是 20 世纪 80 年代提出的一个新概念。1987 年世界环境与发展委员会在《我们共同的未来》报告中第一次阐述了可持续发展的概念，得到了国际社会的广泛认同。

可持续发展是指"既满足现代人的需求又不损害后代人满足需求的能力"。换句话说，就是指经济、社会、资源和环境保护协调发展，它们是一个密不可分的系统，既要达到发展经济的目的，又要保护好人类赖以生存的大气、淡水、海洋、土地和森林等自然资源和环境，使子孙后代能够永续发展和安居乐业。可持续发展与环境保护既有联系，又不等同。环境保护是可持续发展的重要方面。

(2) 我国 21 世纪可持续发展行动

为了全面推动可持续发展战略的实施，国务院印发了原国家计委会同有关部门制定的《中国 21 世纪初可持续发展行动纲要》（以下简称为《纲要》）。这是进一步推进我国可持续发展的重要政策文件，《纲要》提出我国将在六个领域推进可持续发展。

经济发展方面，要按照"在发展中调整，在调整中发展"的动态调整原则，通过调整产业结构、区域结构和城乡结构，积极参与全球经济一体化，全方位逐步推进国民经济的战略性调整，初步形成资源消耗低、环境污染少的可持续发展国民经济体系。

社会发展方面，要建立完善的人口综合管理与优生优育体系，稳定低生育水平，控制人口总量，提高人口素质。建立与经济发展水平相适应的医疗卫生体系、劳动就业体系和社会保障体系。大幅度提高公共服务水平。建立健全灾害监测预报、应急救助体系，全面提高防灾减灾能力。

资源保护方面，要合理使用、节约和保护水、土地、能源、森林、草地、矿产、海洋、气候、矿产等资源，提高资源利用率和综合利用水平。建立重要资源安全供应体系和战略资源储备制度，最大限度地保证国民经济建设对资源的需要。

生态保护方面，要建立科学、完善的生态环境监测、管理体系，形成类型齐全、分布合理、面积适宜的自然保护区，建立沙漠化防治体系，强化重点水土流失区的治理，改善农业生态环境，加强城市绿地建设，逐步改善生态环境质量。

环境保护方面，要实施污染物排放总量控制，开展流域水质污染防治，强化重点城市大气污染防治工作，加强重点海域的环境综合整治。加强环境保护法规建设和监督执法，修改完善环境保护技术标准，大力推进清洁生产和环保产业发展。积极参与区域和全球环境合作，在改善我国环境质量的同时，为保护全球环境作出贡献。

能力建设方面，要建立完善人口、资源和环境的法律制度，加强执法力度，充分利用各种宣传教育媒体，全面提高全民可持续发展意识，建立可持续发展指标体系与监测评价系统，建立面向政府咨询、社会大众、科学研究的信息共享体系。

### 3.3 新型生态环保建材的应用

#### 3.3.1 关于绿色建材

(1) 绿色建材业的发展

绿色建材萌芽于20世纪90年代，并以其环保、健康的特点备受青睐。绿色建材业在我国的发展仅处于起步阶段，由于管理体系等机制、评价认证体系不健全等因素的影响，商业炒作迭起，出现了一定的混乱局面，给我国绿色建材业的发展造成了一定的负面影响。相关专家分析了问题的症结，并提出了可行性的建议。

(2) 绿色建材的定义

绿色建材是一个宏观概念，是一个统称，到目前为止，我国尚无统一、权威的界定。要定义绿色建材还要从生态环境材料与绿色材料入手。绿色材料是生态环境材料的俗称。绿色建材是用于建筑及装饰工程的绿色材料。

绿色建材相对于一般建筑材料具有以下三个特征：①先进性，具有优异的使用性能；②适用性，让用户对材料的感觉舒服，具有优异的使用性能；③环境协调性，在材料的生产环节中资源和能源消耗减少，工艺流程中有害排放少，废弃后易于再生循环。凡是具有以上三个特征的建材，我们可以定义为"绿色建材"。

(3) 绿色建材的科学认证

建立科学完善的绿色建材产品评价与认证体系，是促进我国绿色建材业健康发展的前提条件，然而我国目前对绿色建材产品的评价还没有建立统一的标准，绿色建材产品的认证体系依然还有很长的路要走。对于评价标准的问题，应具有科学合理、可操作性强的特点。评价标准应该以国家对相关建材产品的质量及产品在生产、使用和废弃处理过程中的规定为依据，达到或优于国家相应规定的符合绿色建材产品的评价标准的建材产品，视为绿色建材产品。至于产品"绿色度"的问题由国家环保总局等相关部门进一步鉴定。

(4) 现行体系完善

1994年5月17日中国环境标志产品认证委员会在国家环保局和技术监督局等政府部门的帮助和支持下成立。同年，国家环保总局在6类18种产品中首先实行环境标志，并以青山、绿水、红日及十个蓝环共同组成的图案作为我国的环境标志。现行体制下，建材产品使用的正是环境标志产品认证，而成立专门的绿色建材产品认证机构是细化分工，促进绿色建材业良性发展的客观要求。为此，国家环境标志绿色建材产品标志成立专门的认证机构，如名称可为国家绿色建材标志认证委员会，或授权专门的建材行业协会行使认证权，环保总局对其行为予以监督管理；认证图案可用现行的认证图案。绿色建材标志和中国环境产品标志如图 1-5 所示。

图 1-5　绿色环保标志图
（a）绿色建材产品标志；（b）中国环境标志

当然，相关法律与规范的制定，新建材产品的开发及相应科学技术的创新也是十分必要的，只有这样才能保证我国绿色建材业有序、科学地发展。

## 思 考 题

1. 饰面镶贴与安装工程是如何定义的？
2. 到所在城市建材市场、超市收集饰面镶贴与安装工程中饰面材料和施工机具的资料，分析环保型新型材料的特点。
3. 抹灰工程的特点和作用有哪些？质量要求有哪些？
4. 陶瓷制品有哪些新材料？这些新材料具有什么优点？
5. 环境污染主要有哪些污染源？其危害和防治措施有哪些？
6. 到互联网上查找有关可持续发展和绿色建材的内容，思考我国能源方面的利用状况，如何改善和提高生活环境质量。

# 单元 2　常用材料与施工常用工具

**单元提要**

在建筑装饰装修工程中，涉及到的装饰材料和施工机具非常多，随着科学技术的进步和物质水平的提高，人们对环境保护意识的增强，大量新型建材的使用，代替了一部分传统材料，施工工艺也随之更新，更加高效、节能、环保。本单元分类介绍与镶贴安装工程有关的材料和施工工具。

本单元所涉及的知识，主要是建筑装饰装修工程中所用到的材料和工具，目的是要求对常用的材料的性能、用途及工具的正确操作所有了解。单元中所提到的材料及工具，在以后单元详细叙述，同时，尽量把更新、更高效节能、更环保的材料和工具介绍给大家。

## 课题 1　镶贴与安装工程常用材料

### 1.1　抹灰工程常用材料

在镶贴与安装工程中要使用很多建材，大致可以分有几大类：一是抹灰工程常用的原材料；二是抹灰工程常用砂浆。

#### 1.1.1　抹灰工程常用原材料

（1）胶凝材料

在建筑工程中，将砂、石等散粒材料或块状材料粘结成一个整体的材料，统称为胶凝材料。胶凝材料分为有机胶凝材料和无机胶凝材料两类。石油沥青、煤沥青及各种天然和人造树脂属于有机胶凝材料；水泥、石灰、石膏等属于无机胶凝材料。在抹灰工程中，常用的是无机胶凝材料，它又分为气硬性胶凝材料和水硬性胶凝材料两类。

1）气硬性胶凝材料

气硬性胶凝材料是指在空气中硬化，并能长久保持强度或继续提高强度的材料。常用的有石灰膏、石膏、水玻璃、粉质黏土等。

（a）石灰膏：石灰膏是经生石灰在化灰池中加水熟化成石灰浆，通过网孔流入储灰池中沉淀并除去上层水分后而成的。淋制时，必须经孔径 3mm×3mm 的筛过滤。在储灰池内的熟化时间，常温下一般不少于 15d，用于罩面时不少于 30d；使用时，石灰膏内不得含有未熟化的颗粒和杂质。在储灰池中的石灰膏，应保留一层水加以保护，防止其干燥、冻结和污染。冻结、风化、干硬的石灰膏，不得使用。

（b）石膏：由生石膏（又称二水石膏）在 100～190℃ 的温度下煅烧而成熟石膏，经磨细后成为建筑石膏，它的主要成分是半水石膏。建筑石膏色白，适用于室内装饰，以及隔热、保温、吸声和防火等饰面，但不宜靠近 60℃ 以上高温。建筑石膏硬化后具有很强的吸湿性，耐火性和耐寒性都比较差，不宜在室外装饰工程中使用，同时需要防止受潮和避免长期存放。

2) 水硬性胶凝材料

水硬性胶凝材料是指遇水凝结硬化并保持一定强度的材料,主要指各种水泥制品。在抹灰工程中,常用的有一般水泥和装饰水泥。

水泥依据颜色可分为黑色水泥、白色水泥和彩色水泥。黑色水泥多用于砌墙、墙面抹灰、粘贴瓷砖。白色水泥大部分用于填补砖缝等修饰性的用途。彩色水泥多用于地面或墙面具有装饰性的装修项目和一些人造地面,例如彩色水磨石地面。

水泥依照成分的不同,也可分为多种:硅酸盐水泥、普通硅酸盐水泥、矿渣水泥、火山灰水泥和粉煤灰水泥。我们常用的水泥是普通硅酸盐水泥及硅酸盐水泥,一般使用的是普通硅酸盐水泥,普通袋装的重量为50kg。

国家于2001年4月对水泥的强度等级制定新的标准。通用水泥新标准是:《硅酸盐水泥、普通硅酸盐水泥》(GB 175—1999)、《矿渣硅酸盐水泥、火山灰硅酸盐水泥及粉煤灰硅酸盐水泥》(GB 1344—1999)、《复合硅酸盐水泥》(GB 12958—1999)。六大水泥标准实行以MPa表示的强度等级,如32.5、32.5R、42.5、42.5R等,使强度等级的数值与水泥28天抗压强度指标的最低值相同。

新标准还统一规划了我国水泥的强度等级,硅酸盐水泥分3个强度等级6个类型,即42.5、42.5R、52.5、52.5R、62.5、62.5R。其他五大水泥也分3个强度等级6个类型,即32.5、32.5R、42.5、42.5R、52.5、52.5R。

(2) 骨料

1) 砂:是水泥砂浆里面的必需材料。如果水泥砂浆里面没有砂,那么水泥砂浆的凝固强度将几乎是零。

从规格上砂可分为细砂、中砂和粗砂。砂子粒径0.25~0.35mm为细砂,粒径0.35~0.5mm为中砂,大于0.5mm的称为粗砂。从来源上砂可分为海砂、河砂和山砂。在建筑装饰中,国家是严禁使用海砂的。海砂虽然洁净,但盐分高,对工程质量造成很大的影响。要分辨是否是海砂,主要是看砂里面是否含有海洋细小贝壳。山砂由于表面粗糙,所以水泥附着效果好,但山砂成分复杂,多数含有泥土和其他有机杂质。所以,一般装饰工程中,都推荐使用河砂。河砂表面粗糙度适中,而且较为干净,含有杂质较少。抹灰用砂最好采用中砂,或者粗砂与中砂混合使用。砂是砂浆中的骨架材料,它能减少水泥用量,增加砂浆的强度。抹灰砂浆中常用的是普通砂,包括自然山砂、河砂和海砂等。此外还有石英砂,包括天然石英砂,人造石英砂和机制石英砂,多用于配制耐腐蚀砂浆。砂在使用时应过筛,不得含有杂质,要求颗粒坚硬、洁净,含泥量不得超过3%。

2) 石粒:石粒主要用于装饰抹灰中,包括天然石粒、砾石、石屑、人造彩色瓷粒等。天然石粒是由天然大理石、白云石、花岗石及其他天然石材经破碎加工而成的,按其粒径大小分为大八厘、中八厘、小八厘和米粒石,它们的粒径分别约为8、6、4mm和4mm以下等。砾石是自然风化形成的石子,其粒径为5~10mm。石屑是比石粒粒径更小的细骨料。人造彩色瓷粒是以石英、长石和瓷土为主要原料烧制而成的一种材料,其粒径为1.2~3.0mm,它的性能稳定性要好于天然石粒。抹灰工程所用的石粒应颗粒坚硬、有棱角、洁净,不含有风化的石粒及其他有害物质。使用前应冲洗过筛,按颜色、规格分类堆放。

此外，骨料中还有膨胀珍珠岩和膨胀蛭石，这类材料密度极轻，导热系数很小，适用于有保温、隔热和吸声要求的室内墙面。

(3) 纤维材料

纤维材料在抹灰工程中起拉结和骨架作用，可提高抹灰层的抗拉强度、弹性和耐久性，使之不易开裂和脱落。常用的纤维材料有麻刀、纸筋、草秸、玻璃纤维等。

1) 麻刀：即植物麻，坚韧、干燥、不含杂质为好，使用时剪成 20～30mm 长，随用随敲打松散，每 100kg 石灰膏约掺 1kg 即可。

2) 纸筋灰：即用纸加工而成，在淋石灰时，先将纸筋撕碎，除去尘土，用清水浸泡、捣烂、搓绒、漂去黄水，达到洁净、细腻。按 100kg 石灰膏掺入 2.7kg 的比例掺入，使用时需要搅拌、打细，过 3mm 孔径筛过滤。

3) 玻璃纤维：将玻璃纤维切成 10mm 左右长，每 100kg 灰膏掺入 200～300g 玻璃纤维搅拌均匀，即成玻璃纤维。

(4) 颜料

颜料能提高抹灰的装饰效果。抹灰用的颜料必须为耐碱、耐光的矿物颜料或无机颜料。常用的颜料有氧化铁红、氯化铁黄、铬黄、铬绿、钴蓝、氯化铁棕、氧化铁紫、氧化铁黑和钛白粉等。

(5) 胶粘剂

胶粘剂能提高砂浆的粘结性、柔韧性、稠度和保水性，减少面层的开裂和脱落，便于砂浆的施工操作，提高抹灰质量。常用的胶粘剂有甲基硅醇钠、木质素磺酸钙、聚醋酸乙烯乳液（向乳胶）、工业硫酸铝、羧甲基纤维素等。其中，以 801 建筑胶应用最为广泛。801 建筑胶如图 2-1 所示。

1) 801 建筑胶

801 建筑胶又叫聚醛胶，是由聚乙烯醇与甲醛在酸性介质中经缩聚反应，再经氨基化后而制得的。它是一种微黄色或无色透明的胶体，具有无毒、不燃、无刺激性气味等特点，它的耐磨性、剥离强度及其他性能均优于 108 胶。可用于墙布、墙纸、瓷砖及水泥制品等的粘贴，也可用作内外墙和地面涂料的胶料。还可以用来粘贴装饰面板、胶合板；吊顶时粘贴铝塑板等装饰板；粘贴金属/塑料木制的各种角线；粘贴纸皮、木皮。掺入水泥砂浆量的约 2%～3%的 801 胶，使砂浆产生好的和易性与保水性，贴釉面砖还能起到一定的缓凝作用，能保证足够的粘结力，这便于施工和保证质量，耐久性也较好。

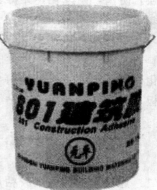

图 2-1　801 建筑胶

2) 瓷砖、大理石胶粘剂

(a) AH-03 大理石胶粘剂

它是由环氧树脂等多种高分子合成材料组成的基材，再添加适量的增稠剂、乳化剂、防腐剂、交联剂及填料等配制成单组分白色的膏状胶粘剂。它具有粘结强度高、耐水、耐气候变化、使用方便等特性，适用于大理石、花岗石、陶瓷锦砖、陶瓷面砖等与水泥基层的粘结。

(b) TAM 型通用瓷砖胶粘剂

它是以水泥为基材,用聚合物改性材料等掺加而成的一种白色或灰色粉末。在使用时只需加水即能获得黏稠的胶浆。它具有耐水、耐久性好,操作方便,价格低廉等特点。TAM 型通用瓷砖胶粘剂适用于在混凝土、砂浆基层和石膏板的表面粘贴瓷砖、陶瓷锦砖、天然和人造石材等块料。用这种胶粘剂在瓷砖固定 5min 以后再旋转 90°,而不会影响它的粘结强度。

(c) TAG 型瓷砖勾缝剂

它是一种粉末状的物质,有各种颜色,能与各种类型的瓷砖相适应,是瓷砖胶粘剂的配套材料,能保证勾缝宽度在 3mm 以下不开裂。在诸如游泳池等有防水要求的瓷砖勾缝中是一种理想的勾缝材料。

(d) TAS 型高强度耐水瓷砖胶粘剂

它是一种双组分的高强度耐水瓷砖胶粘剂,具有耐水、耐气候变化以及耐多种化学物质侵蚀等特点,可用于厨房、浴室、卫生间等场所的瓷砖粘贴。它的强度较高,室温 28 天后,其抗剪强度大于 2.0MPa,可在混凝土、钢材、玻璃、木材等材料的表面粘贴墙面砖和地面砖。另外还有一种 SG-8407 胶粘剂,可改善水泥砂浆的粘结力,提高水泥砂浆的防水性能,适用于在水泥砂浆、混凝土等基层表面上粘贴瓷砖、陶瓷锦砖等材料。

3) 108 胶

它是 107 胶的升级换代产品,为高分子水溶性聚合物,具有粘结性能好,胶结能力强,防菌,耐老化,无毒、无味等特点,用于墙面批腻子前打底滚涂、和石膏粉、粘石膏线等等。

4) 8104 胶

它是一种无毒、无臭的白色胶液,其耐水耐潮性好,初始粘结力强,对温度、湿度变化引起的胀缩适应性能好,不会开胶。适用于在水泥砂浆、混凝土、水泥石棉板、石膏板、胶合板等墙面上粘贴纸基、塑料壁纸。

5) 933 胶

粘贴光面瓷砖;粘贴大理石台面、挡水。

6) 白乳胶

原名聚醋酸乙烯胶粘剂,是由醋酸与乙烯合成醋酸乙烯,再经乳液聚合而成的乳白色稠厚液体。白乳胶可常温固化,固化较快、粘接强度较高,粘接层具有较好的韧性和耐久性且不易老化。可广泛应用于粘接纸制品(墙纸),也可作防水涂料和木材的胶粘剂,木质材料粘接。

7) 膨胀胶

膨胀胶的稀释剂所含甲醛较低,多用来封闭和固定缝隙。

8) 玻璃胶

酸性硅酮玻璃胶,用于玻璃、瓷制品、PVC、金属、石材的粘接和填缝。

9) 硅酮密封胶

它是以硅橡胶为主体原料,加入补强剂、交联剂、抗氧剂、促进剂、增塑剂等,以先进的工艺合成的单组分室温硫化型(RTV)密封胶。适用于建筑、汽车等各类门窗,玻璃装配工程粘接密封。用于中空玻璃二道密封,和其他各种耐热、耐寒、绝缘、防水、防震的器件粘接、密封填隙及保护层，可替代各种橡胶垫、石棉垫、软木塞和纸垫，也用于汽车、摩托车、管道和各种水泵等机电设备的平面法兰、盖板结合面的密封。需要注意的是，该胶不可作为结构密封胶使用，混凝土、水泥、砖石、石灰石、铅、锌和镀锌钢板不宜粘结使用。

1.1.2 抹灰工程常用砂浆

（1）砂浆的分类

分为普通抹灰砂浆、装饰抹灰砂浆和特种抹灰砂浆。

1）普通抹灰砂浆

即建筑工程施工中通常使用的砂浆，如石灰砂浆、混合融浆（也称之为混合砂浆）、水泥砂浆，另外还有麻刀灰、纸筋灰。

2）装饰抹灰砂浆

是常用的装饰材料的一种，其各种色彩主要是通过选用白色水泥、彩色水泥或浅色的各种硅酸盐水泥以及石灰、石膏等胶凝材料，再掺入一些碱性矿粉颜料获得的。还可以在面层砂浆中掺入彩色砂、石（如大理石、石英石、花岗石等色石渣、玻璃、云母片、松香石和长石等）组成各种彩色砂浆面层。

3）特种砂浆

如防水砂浆、隔热砂浆和吸声砂浆。

（2）普通砂浆的配比与应用范围

1）石灰砂浆

配合比1∶3（石灰膏∶砂）应用于室内砖石墙面（潮湿部位不宜使用）。

2）水泥、石灰砂浆（混合砂浆）

配合比1∶(0.5～1)∶(4～6)（水泥∶石灰膏∶砂）可用于室内、外墙面抹灰，也可用于较潮湿的部位。

3）水泥砂浆

（a）配合比1∶(2.5～3)（水泥∶砂）可用于外墙抹灰，室内浴室、窗台、护角、门、窗套等潮湿部位，易碰撞部位的基层或垫层（中间层）抹灰。

（b）配合比1∶(1.5～2.5)（水泥∶砂）可用于室内外抹灰的面层，其中包括墙、地、楼、台阶、踢脚、墙裙、顶棚等面层。

（c）配合比1∶(0.5～1)（水泥∶砂）经常用于混凝土地面的随打、随抹、随压光，也可用于室外砖墙勾缝。

4）纸筋灰

$1m^3$石灰膏掺3.6kg纸筋，用于室内墙、顶抹灰的面层。

5）麻刀灰

100kg石灰膏掺1.3kg麻刀，用于板条墙、顶抹灰的面层；

100kg石灰膏掺2.5kg麻刀，用于板条墙、顶抹灰基层。

6）水刷石

（a）配合比1∶(0.5～1)∶(1.5～2)（水泥∶石膏灰∶石渣）用于水刷石墙面（底层一般用1∶0.5∶3.5或1∶1∶6的水泥∶石灰膏∶砂）。

（b）配合比1∶(1.5～2.5)（水泥∶石渣）根据石渣的粒径调整水泥用量。

7) 剁斧石

配合比 1：(1.25～1.5)（水泥：石渣）料粒石内掺 30% 石屑，底层灰一般用 1：(2.5～3) 水泥砂浆。

8) 水磨石

配合比 1：(1.25～2)（水泥：石渣）底层一般用 1：(2.5～3) 水泥砂浆。

(3) 特种砂浆的配比与应用范围

1) 防水砂浆

(a) 普通防水砂浆

配合比 1：(2～3)（水泥：砂）水泥应采用 32.5 强度等级以上普通水泥，水灰比应控制在 0.5～0.55 范围内。适用于建筑物的刚性防水、防潮工程。

(b) 掺防水剂的防水砂浆

①氯化铁防水剂：掺入水泥砂浆中可以提高砂浆的和易性，减少泌水性，提高砂浆的密实性和抗冻性。具有促凝和堵漏作用，氯化铁防水剂一般掺量为水泥掺量 3%；②氯化钙氯化铝防水剂：以氯化钙：氯化铝：水＝10：1：11 配制而成的防水剂。将其与砂浆拌合后，生成复盐，具有填充砂浆孔隙，提高砂浆密实性，使其具有不透水性的作用，一般掺入量为水泥用量的 3%～5%；③金属皂类防水剂：也称为避水浆，加工后生成物填塞毛细孔，使砂浆密实，掺量为水泥用量的 3%；④硅酸类（水玻璃）：可配制成防水剂掺入硅酸盐水泥砂浆提高砂浆的密实性和硬化速度；⑤阳离子氯丁胶乳防水砂浆：是以高分子聚合物乳液和水泥胶结材料为基料配制的复合防水砂浆。

2) 隔热砂浆及吸声砂浆

(a) 水泥膨胀珍珠岩砂浆

配合比 1：(12～15)（强度等级为 32.5 的普通水泥：膨胀珍珠岩）其水灰比为 1.5～2，表观密度 300～500kg/m³，适用于砖墙或混凝土墙表面抹灰，表观密度轻，导热系数小。

(b) 混合膏膨胀蛭石砂浆

配合比 1：5：8（水泥：石灰膏：膨胀蛭石），表观密度 300～500kg/m³，适用于平屋面保温层及顶棚、内墙抹灰。

(c) 另外有浮石砂、火山渣及陶粒砂等轻质砂代替天然砂。

(d) 操作重点：由于砂浆保水性好，抹灰前基层少洒水，甚至不洒水，抹灰分层进行，中层灰厚度 5～8mm，待六至七成干后方可罩纸筋灰。

3) 耐热砂浆

水泥：耐火泥：细骨料＝1：0.65：3.3（重量比）。细骨料采用耐火砖屑。养护同防水砂浆。

4) 重晶石砂浆

主要成分是硫酸钡。因此也叫作钡粉砂浆。以硫酸钡为骨料制成的砂浆面层对 $\gamma$ 光线和 $\gamma$ 射线有阻隔作用。抹灰操作时应分层抹灰。每层厚度控制在 4mm 左右。阴阳角为圆角，以免裂缝。温度在 15℃ 以上，养护不得少于 14d。

## 1.2 砌筑工程常用填充墙材料

黏土实心砖不作为墙体的主要填充材料，但是在防潮部位和在梁底、板底处也要使用，因此，在下面也做简单介绍。

#### 1.2.1 轻质砖

(1) 烧结普通砖

凡以黏土、页岩、煤矸石、粉煤灰等为主要原料，经焙烧而成标准尺寸的实心砖称为烧结普通砖。按所用主要原料，烧结普通砖可分为黏土砖（N）、页岩砖（Y）、煤矸石砖（M）和粉煤灰砖（F）几种。

1) 标准与尺寸

按标准《烧结普通砖》（GB/T 5101—2003）规定，烧结普通砖根据抗压强度，分为MU30、MU25、MU20、MU15、MU10等5个强度等级。抗风化性能合格的砖根据尺寸偏差、外观质量、泛霜和石灰爆裂等，分为优等品（A）、一等品（B）和合格品（C）三个产品等级。

烧结普通砖的标准尺寸为240mm×115mm×53mm。它既具有一定强度，又因多孔结构而具有良好的绝热性、透气性和热稳定性。通常其表观密度为1600～1800kg/m³，导热系数仅0.78W/(m·K)，约为普通混凝土的一半。烧结普通砖在建筑工程中主要适用于墙体材料。其中，优等品可用于清水墙建筑，合格品用于混水墙建筑，中等泛霜的砖不得用于潮湿部位。烧结普通砖的吸水率较大，砌筑前应先浇水润湿。

2) 适用范围

一般适用于承重部位，如以黏土空心砖做填充墙和隔墙的框架结构，地面±0.000以下或防潮层以下的砌体应采用。

(2) 烧结多孔砖与烧结空心砖

常用于承重部位孔洞率等于或大于15%，孔的尺寸小而数量多的砖，称为多孔砖，常用于非承重部位。孔洞率等于或大于35%，孔的尺寸大而数量小的砖，称为空心砖。

1) 标准与尺寸

根据《烧结多孔砖》（GB 13544—2000）规定，烧结多孔砖分M形（190mm×190mm×90mm）和P形（240mm×115mm×90mm）两种，圆孔直径≤22mm，非圆孔内切圆直径≤15mm。根据抗压和抗折强度，分为MU30、MU25、MU20、MU15、MU10等5个强度等级；根据尺寸偏差、外观质量、强度等级和物理性能，分为优等品（A）、一等品（B）和合格品（C）三个等级。根据《烧结空心砖和空心砌块》（GB 13545—2003）规定，烧结空心砖的长度不超过365mm，宽度不超过240mm，高度不超过115mm（超过以上尺寸者为空心砌块）。根据其大面与条面的抗压强度值，分为MU5.0、MU3.0、MU2.0等3个强度等级；产品根据其孔洞及孔排列数、尺寸偏差、外观质量、强度等级和耐久性等分为优等品（A）、一等品（B）和合格品（C）三个产品等级。

2) 适用范围

烧结多孔砖具有较高的强度，可用于六层以下建筑物的承重墙；烧结空心砖强度较低，主要适用于非承重隔墙及框架结构的填充墙。

生产黏土空心砖与黏土实心砖比较，可节约黏土25%左右，节约燃料10%～20%。砌体自重可减轻1/4～1/3，还可提高运输效率，减少砂浆用量，降低施工费用等。我国黏土空心砖吸水率一般在12.9%～25%（国外吸水率一般在6%～7%），相比国外先进水平,还有较大差距。降低黏土空心砖的吸水率,有利于提高材料的耐久性。黏土空心砖厚度尺寸较大,保持竖缝饱满应特别重视。由于黏土实心砖的导热系数比黏土空心砖大,故其保温性差,并具有较好的隔声性,240mm 厚墙、双面粉刷,为 47～51dB;黏土实心砖在同样条件下为 51～57dB,所以黏土空心砖能较好满足建筑隔声墙要求。黏土空心砖与黏土实心砖都具备透气性好、平衡水分低、蒸发水分快等良好的调节室内空气湿度的性能,使人获得舒适感。在耐久性、隔声性、透气性、强度等方面能与黏土实心砖媲美;在降低能耗、减少用土或增强建筑功能等方面优于黏土实心砖。

(3) 粉煤灰砖

根据《粉煤灰砖》(JC 239—2001)规定,以粉煤灰、石灰为主要原料,掺加适量石膏和骨料,经坯料制备、压制成型、高压或常压蒸汽养护而成的实心砖,称为粉煤灰砖。其外形尺寸与烧结普通砖相同。根据抗压和抗折强度,分为 MU20、MU15、MU10 等三级。产品根据外观质量、强度、抗冻性和干缩,分为优等品(A)、一等品(B)和合格品(C)。

粉煤灰砖可用于工业与民用建筑的墙体和基础,但用于基础或易受冻融和干湿作用的部位,须用一等品以上的砖。在长期受热(200℃以上)、受急冷急热和有酸性介质侵蚀的部位,不得使用粉煤灰砖。

(4) 蒸压灰砂砖

根据《蒸压灰砂砖》(GB 11945—1999)规定,以石灰和砂为主要原料,经坯制备、压制成型、蒸压养护而成的实心砖,称为灰砂砖。外形尺寸与烧结普通砖相同。根据抗压强度和抗折强度,分为 MU25、MU20、MU15、MU10 等四级。根据尺寸偏差和外观质量,分为优等品(A)、一等品(B)和合格品(C)。

MU10 级砖可用于防潮层以外的建筑部位;MU15 级以上的砖可用于基础及其他建筑部位。灰砂砖不得用于长期受热 200℃以上、受急冷急热和有酸性介质侵蚀的建筑部位。墙体材料一般用量较大,通常就地取材,有时可利用工业副产品或废料加工制成砖。这些砖分烧结制品和非烧结制品两大类。烧结制品有劣质土空心砖、粉煤灰空心砖、页岩空心砖、拱壳空心砖、碳化砖、高钙煤矸石空心砖、高掺量粉煤灰承重空心砖、生活垃圾砖等。非烧结制品有赤泥粉煤灰复合砖、碱矿渣粉煤灰砖、铅锌矿尾砂砖、高炉渣免烧免蒸砖、钢渣粉煤灰砖、煤渣非烧结空心砖、免烧免蒸煤矸石砖等。

### 1.2.2 轻质小型砌块

轻质小型砌块具有轻质、保温、隔声、耐火等优良性能。由于规格较大,制作效率高,同时能提高施工机械化程度,砌块是建筑上常用的新型墙体材料。

按砌块特征分,砌块有实心与空心两种。凡平行于砌块承重面的面积小于毛截面的 75%者属于空心砌块,等于或大于 75%者属于实心砌块,空心砌块的空心率一般为 30%～50%。按制作原料分,有轻骨料混凝土、粉煤灰、加气混凝土、硅酸盐、石膏砌块等数种。

(1) 轻骨料小型混凝土空心砌块

轻骨料小型混凝土空心砌块的原材料是以水泥为胶结料,煤渣、陶粒、浮石、自然煤矸石等为粗骨料,加适量的掺合料、外加剂,用水搅拌经机械振动成型的小型空心砌块。适用于全国不同的建筑气候区,抗震设防烈度 6～8 度及非抗震设防地区的框架结构填充墙。

1) 轻骨料小型混凝土砌块的规格品种

小砌块的规格和孔型包括实心和空心（盲孔，通孔）。轻骨料混凝土小砌块规格按宽度分为290、240、190、140、90mm五个系列。并根据墙体不同构造的特点，考虑了在组砌中部分规格系列需要互相配合使用的要求，编制了190、90mm宽度系列的配套块。为了提高外墙的热工性能，对于290、240、190mm宽度系列的轻骨料混凝土小砌块分别采用了三排孔、二排孔、单排孔的孔形，可以满足不同地区框架结构填充轻骨料混凝土小砌块外墙的热工性能指标。轻骨料小型砌块规格、型号见表2-1。

轻骨料小型砌块规格、型号　　　　表2-1

| 系列 | 型号 | 长×宽×高(mm) | 系列 | 型号 | 长×宽×高(mm) |
|---|---|---|---|---|---|
| 90mm系列 | K412A | 390×90×190 | 190mm系列 | K422A | 390×190×190 |
| | K412B | | | K422B | |
| | K411A | 390×90×90 | | K421A | 390×190×90 |
| | K411B | | | K421B | |
| | K312A | 290×90×190 | | K322A | 290×190×190 |
| | K312B | | | K322B | |
| | K312A | 290×90×90 | | K321A | 290×190×90 |
| | K312B | | | K321B | |
| | K212A | 190×90×190 | | K222A | 190×190×190 |
| | K212B | | | K222B | |
| | K211A | 190×90×90 | | K221A | 190×190×90 |
| | K211B | | | K221B | |

注：混凝土空心砌块的编号主要由首尾英文字母和中间三个阿拉伯数字组成。第一个字母表示砌块的功能（K—空心、X—芯柱、P—配筋、Y—吸声、J—转角、D—洞口），三个阿拉伯数字分别代表长、宽、高，最后一个字母（A、B）代表端口形式（可有可无）。

2) 轻骨料小型砌块的编号（以90、190mm系列为例）

（2）粉煤灰砌块

粉煤灰砌块是以粉煤灰、石灰、石膏和骨料等为原料，经加水搅拌、振动成形、蒸汽养护而制成的密实砌块，称为粉煤灰砌块。其主要规格外形尺寸为880mm×380mm×240mm和880mm×430mm×240mm。强度等级按立方体试件的抗压强度，分为10级和13级。按外观质量、尺寸偏差和干缩性能，可分为优等品（A）、一等品（B）和合格品（C）。

（3）蒸压加气混凝土砌块

凡以钙质材料和硅质材料为基本原料，以铝粉为发气材料，经过切割、蒸压养护等工艺制成的多孔、块状墙体材料，称为蒸压加气混凝土砌块。蒸压加气混凝土砌块的规格尺寸见表2-2。

砌块的强度级别按其立方体试件的抗压强度，分为A1.0、A2.0、A2.5、A3.5、A5.0、A7.5、A10等7个级别。砌块的体积密度级别，分为B03、B04、B05、B06、B07、B08等6个级别。按强度级别和体积密度级别的不同，产品分为优等品（A）、一等

**蒸压加气混凝土砌块的规格尺寸**　　　　表 2-2

| 砌块公称尺寸(mm) | | | 砌块制作尺寸(mm) | | |
|---|---|---|---|---|---|
| 长度 L | 宽度 B | 高度 H | 长度 $L_1$ | 宽度 $B_1$ | 高度 $H_1$ |
| 600 | 100<br>125<br>150<br>200<br>250<br>300<br>120<br>180<br>240 | 200<br>250<br>300 | L-10 | B | H-10 |

品（B）和合格品（C）。

（4）普通混凝土小型空心砌块

《普通混凝土小型空心砌块》(GB 8239—1997)规定，普通混凝土小型空心砌块是以水泥、砂、砾石或碎石为原料，经加水搅拌、振动、振动加压或冲击成型，再经养护而制成的墙体材料。主要规格尺寸为 390mm×190mm×190mm，多为空心率 25%～50% 的单排孔空心砌块，也有多孔的空心砌块，其外壁厚度不小于 30mm，肋厚度不小于 25mm。

按砌块抗压强度，砌块强度等级可分为 MU3.5、MU5.0、MU10.0、MU15.0 和 MU20.0 等 5 个级别。普通混凝土砌块的密度一般为 1900～1500kg/m³，轻混凝土砌块的密度一般为 700～1000kg/m³。普通混凝土砌块的吸水率在 6%～8% 之间，软化系数在 0.85～0.95 之间，干燥收缩值为 0.235～0.427mm/m。

砌块的外观质量、强度等级、体积密度、吸水率、相对含水率、软化系数、干燥收缩值、抗冻性、抗渗性等指标，应符合规范的规定。

这种砌块的空心率一般为 35%～50%，单块重量为 4～20kg，便于徒手操作，砌筑方便，适用于各种建筑体系。有时可利用本地材料、工业副产品或废料加工制成砌块。利用高钙页岩煤矸石重砌块、炉底渣、炉渣珍珠岩、焦渣珍珠岩、膨胀珍珠岩、粉煤灰炉底渣陶粒、硅藻土轻骨料、粉煤灰石灰、锰渣、沸腾炉渣等废料加工制成混凝土砌块或混凝土空心砌块。

（5）石膏砌块

石膏砌块是以石膏为主要原料，或加入各种添加料、外加剂、轻骨料，加水搅拌，浇注成型，经自然或人工干燥制成。具有自重轻、外形整齐、表面光滑、尺寸精确、体积稳定，防火、保温、隔热、隔声和耐久性能好、具有调节室内环境湿度功能等特性。

砌块种类按结构分为实心砌块（S）和空心砌块（K）两类，其中，表观密度小于 750kg/m³ 的实心砌块，称为轻质实心砌块；按石膏来源可分为天然石膏（T）、化学石膏（H）两类；按砌块的防潮性能分为普通砌块（P）和防潮砌块（F）两类。砌块的规格尺寸如下：600mm×500mm×80mm 实心、666mm×500mm×100mm 空心、666mm×500mm×150mm 空心。

砌筑时应采用与砌块配套使用的辅助材料，如粘结石膏、粉刷石膏、石膏腻子、涂塑玻纤网格布等。

## 1.3 饰面镶贴材料

### 1.3.1 常用建筑装饰瓷砖

建筑装饰陶瓷常按使用部位分为外墙面砖、内墙面砖（釉面砖）、地面砖、陶瓷锦砖、卫生陶瓷及其他陶瓷艺术制品。

（1）外墙面砖

外墙面砖是以陶土为原料，经压制成型，而后在1100℃左右煅烧而成的炻质产品。根据表面装饰方法的不同，可以分为无釉单色砖、彩釉砖、立体彩釉砖。根据制作时加入的着色剂可制成由浅至深各种色调。为了与基层墙面能很好粘结，背面有肋纹。外墙面砖的种类、规格、性能和用途见表2-3。

外墙面砖的种类、规格、性能和用途　　　　　表2-3

| 种　类 | | 一般规格（mm） | 性　能 | 用　途 |
|---|---|---|---|---|
| 名　称 | 颜　色 | | | |
| 表面无釉外墙贴面砖（墙面砖） | 有白、浅黄、深黄、红、绿等颜色 | 200×100×12<br>150×75×12<br>75×75×8<br>108×108×8<br>150×30×8 | 质地坚固，吸水率不大于8%，色调柔和、耐水抗冻，经久耐用，防水，易清洁等 | 用于建筑物外墙，作装饰及保护墙面之用 |
| 表面有釉外墙贴面砖（彩釉砖） | 有粉红、蓝、绿、金砂、黄、白等颜色 | | | |
| 线砖 | 表面有突起线纹，有釉，并有黄、绿等色 | | | |
| 外墙立体贴面砖（立体彩釉砖） | 表面有釉，做成各种立体图案 | | | |

注：上表中彩釉砖的吸水率不大于10%；耐急冷急热性能经3次急冷急热循环不出现炸裂或裂纹；抗冻性能经20次冻融循环不出现破裂或裂纹；弯曲强度平均值不低于24.5MPa。

外墙面砖装饰性强、耐久性高，并对建筑有良好的保护作用，广泛应用于大型公用建筑的外墙面、柱面、门窗套等立面的装饰。

（2）内墙面砖

内墙面砖俗称瓷片，也称瓷砖，是用瓷土或优质陶土经低温烧制而成。内墙面砖一般都上釉，其釉层有不同类别，如有光釉、石光釉、花釉、结晶釉等。釉面有各种颜色，以浅色为主，不同类型的釉层各具特色，装饰优雅别致，经过专门设计、彩绘、烧制而成的面砖，可镶拼成各式壁画，具有独特的艺术效果。

内墙面砖色彩稳定、表面光洁、易于清洗，故多用于浴室、卫生间、厨房的墙面、台面及各种清洗槽之中。但釉面砖一般很少用于室外，经日晒、雨淋、风吹、冰冻，容易导致破裂损坏。其原因，一是釉面砖属于陶质产品，二是色釉的吸湿膨胀非常小。当将釉面砖用于室外时，则可能受干湿温变作用的影响，引起釉面的开裂，并最终导致出现剥落掉皮等现象。

釉面内墙砖又名釉面砖、内墙瓷砖、瓷片、釉面陶土砖，是精陶制品，吸水率较高，通常大于10%（不大于21%），属于陶质砖。并且仿真性强、花色品种多，表面色泽柔和、平滑、光亮、装饰效果好，防火、防潮、热稳定性好，耐酸、耐碱、耐腐蚀，坚固耐用，易清洁。

釉面内墙砖在铺贴前须浸水 2h 以上,以防止干砖吸水降低粘结强度,甚至造成空鼓、脱落等现象。釉面砖的种类、特点和代号见表 2-4。

釉面砖的种类、特点和代号　　　　　表 2-4

| 种类 | | 特点 | 代号 |
|---|---|---|---|
| 白色釉面砖 | | 色纯白,釉面光亮,镶于墙面,清洁大方 | FJ |
| 彩色釉面砖 | 有光彩色釉面砖 | 釉面光亮晶莹,色彩丰富雅致 | YG |
| | 无光彩色釉面砖 | 釉面半无光,不显眼,色泽一致,色调柔和 | SHG |
| 装饰釉面砖 | 花釉砖 | 系在同一砖上施以多种彩釉,经高温烧成,色釉互相渗透,花纹千姿百态,有良好的装饰效果 | HY |
| | 结晶釉砖 | 晶花辉映,纹理多姿 | JJ |
| | 斑纹釉砖 | 斑纹釉面,丰富多姿 | BW |
| | 大理石釉砖 | 具有天然大理石花纹,颜色丰富,美观大方 | LSH |
| 图案砖 | 白地图案砖 | 系在白色釉面砖上装饰各种彩色图案,经高温烧成。纹样清晰,色彩明朗,清洁优美 | BT |
| | 色地图案砖 | 系在有光或无光彩色釉面砖上,装饰各种图案,经高温烧成。产生浮雕、缎光、绒毛、彩漆等效果。做内墙饰面别具风格 | YGTD-YGTSHGT |
| 字画釉面砖 | 瓷砖画 | 以各种釉面砖拼成各种瓷砖画,或根据已有画稿烧制成釉面砖拼装成各种瓷砖画,清洁优美,永不褪色 | — |
| | 色釉陶瓷字 | 以各种色釉、瓷土烧制而成,色彩丰富,美观,永不褪色 | |

这种砖分为两大类:一是用陶土烧制的,因吸水率较高而必须烧釉,这种砖的强度较低,现在很少使用;另一种是用瓷土烧制的,为了追求装饰效果也烧了釉,这种瓷砖结构致密、强度很高、吸水率较低、抗污性强,价格比陶土烧制的瓷砖稍高。瓷土烧制的釉面砖,目前广泛使用于家庭装修,有很多的购买者都用这种瓷砖作为地面装饰材料。

1) 根据原材料不同分类

(a) 陶制釉面砖由陶土烧制而成,吸水率较高,强度相对较低。其主要特征是背面颜色为红色。

(b) 瓷制釉面砖由瓷土烧制而成,吸水率较低,强度相对较低。其主要特征是背面颜色为灰白色。

要注意的是,上面所说的吸水率和强度的比较都是相对的,目前也有一些陶制釉面砖的吸水率和强度比瓷制釉面砖高的。

2) 根据光泽不同分类

(a) 抛光釉面砖:适合于制造"干净、明亮"的效果;

(b) 亚光釉面砖:适合于制造"时尚、现代"的效果。

3) 按形状分类

(a) 通用砖(正方形、长方形);

(b) 异型配件砖。

4) 按色彩图案分类

(a) 白色釉面砖;

(b) 彩色釉面砖;

(c) 装饰釉面砖;

(d) 图案砖、字画砖等。

5) 常见问题

釉面砖是装修中最常见的砖种,由于色彩图案丰富,而且防污能力强,因此被广泛使用于墙面和地面装修。常见的质量问题主要有两方面:

(a) 龟裂:龟裂产生的根本原因是坯与釉层间的应力超出了坯釉间的热膨胀系数之差。当釉面比坯的热膨胀系数大,冷却时釉的收缩大于坯体,釉会受到拉伸应力。当拉伸应力大于釉层所能承受的极限强度时,就会产生龟裂现象。

(b) 背渗:不管哪一种砖,吸水都是自然的,但当坯体密度过于疏松时,就不仅是吸水的问题了,而是渗水泥的问题了,即水泥的污水会渗透到表面。

6) 常用规格

产品规格主要有五种,即152mm×152mm、108mm×108mm、200mm×200mm、300mm×300mm、200mm×300mm。但近年来也出现了一些大规格砖和薄型砖,其厚度为3mm。

在铺砌釉面砖时,对于各种边角部位的处理,除可采用上述规格砖外,也常采用一些专用的配件砖来处理。常用的配件砖如图2-2所示。

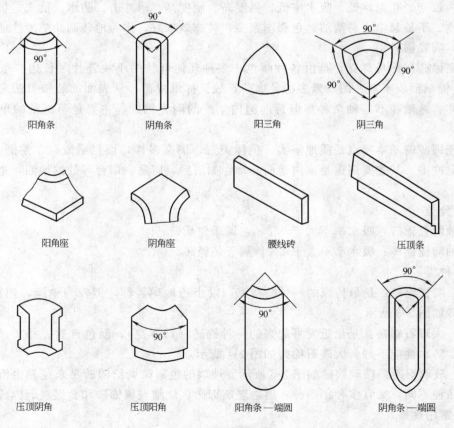

图2-2 常用的配件砖

（3）地面砖

地面砖采用塑性较大且难熔的黏土，经压制成型，焙烧（1050～1250℃）而成。地面砖分有釉和无釉两种。最典型的陶瓷铺地材料是防潮砖，亦称红缸砖。颜色有红色、黄色、白色等单色。常见的规格有 300mm×300mm、330mm×330mm、163mm×163mm、600mm×600mm 四种。缸砖表面一般不施釉，色泽较暗。近几年，表面施以彩釉、带有一定图案效果的彩釉铺地砖越来越多，除了正方形产品外，也有了矩形、六角形等形状的产品，并向着大尺寸、多功能、豪华型的方向发展。

地面砖耐磨性好、强度和硬度高、抗冲击、不易起尘，既可用于人流较多的建筑物内，如通道、站台、售票厅、商场、展览馆等地面，也适用于起居室、卧室、厨房、卫生间等地面。

1）分类

按表面装饰分为无釉墙地砖和有釉墙地砖（彩釉砖）。

按材质分为炻质砖、细炻砖、炻瓷砖、瓷质砖四类。瓷质砖又分抛光和磨边两种。按用途分为外墙砖、室内地面砖、广场砖、花园砖、防滑踏步砖、盲道砖、配件砖等。

2）质量等级

优等品、合格品。

3）特性

结构致密、孔隙率低、吸水率低、强度高、硬度高、耐冲击、防水、抗火、抗冻、耐急冷急热、不易起尘、易清洁、色彩图案多，装饰效果好，作为地砖制品防滑性能好。

（4）陶瓷锦砖

陶瓷锦砖俗称马赛克，是由各种颜色、多种几何形状的小块瓷片（长边一般不大于 50mm）铺贴形成丰富、图案繁多的装饰砖，故又称纸皮砖。从表面的装饰方法来看，陶瓷锦砖亦有施釉和不施釉两种。但目前国内生产的陶瓷锦砖，主要是不施釉的单色无光产品。

陶瓷锦砖的基本特点是质地坚实、色泽美观、图案多样，而且耐酸碱、耐磨、耐水、耐压、耐冲击。其主要用途是室内地面装饰，如浴厕、厨房、阳台等处的地面，也可用于墙面。

1）分类

无釉陶瓷锦砖：吸水率不大于 0.2%，属于瓷质砖；

有釉陶瓷锦砖：吸水率不大于 1%，属于炻瓷砖。

2）种类

(a) 陶瓷锦砖：是最传统的一种马赛克，以小巧玲珑著称，但较为单调，档次较低。陶瓷锦砖如图 2-3 所示。

(b) 大理石锦砖：是最近发展起来的一种锦砖（马赛克），颜色自然、朴实，但耐酸碱性差、防水性能不好。大理石锦砖如图 2-4 所示。

(c) 玻璃锦砖：玻璃锦砖如图 2-5 所示。玻璃的色彩斑斓给锦砖带来蓬勃生机。依据玻璃的品种不同，又有多种小品种：熔融玻璃锦砖、烧结玻璃锦砖和金星玻璃锦砖。

3）常用规格

陶瓷锦砖常用规格有 20mm×20mm、25mm×25mm、30mm×30mm，厚度为 4～4.3mm。

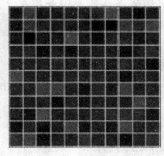
图 2-3 陶瓷锦砖
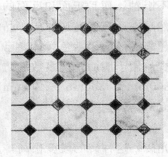
图 2-4 大理石锦砖

图 2-5 玻璃锦砖

### 1.3.2 其他陶瓷装饰制品

(1) 劈离墙地砖

劈离砖是将一定配比的原料,经粉碎、炼泥、真空挤压成型、干燥、高温烧结而成。由于成型时为双砖联坯体,烧成后再劈成两块砖,故称劈离砖。劈离砖种类很多,色彩丰富,颜色自然柔和,具有自然断口,质感强,装饰效果好,吸水率低(≤6%),强度高,防腐,耐水、耐急冷急热、耐酸、耐碱,防滑,抗冻。有无釉和有釉两种。适用于各类建筑物的外墙装饰,也适合用于楼堂馆所、车站、餐厅等室内地面铺设。厚砖适于广场、公园、人行道等露天地面铺设,也可用于游泳池、浴池池底的贴面材料。

(2) 陶瓷壁画

陶瓷壁画是以陶瓷面砖、锦砖、陶板等为基础,经艺术加工而成的现代建筑装饰材料。这种壁画既可镶嵌在高层建筑的外墙面上,也可铺做在候机室、会客室、大餐厅等墙面上。

(3) 琉璃制品

琉璃制品是用难熔黏土经制坯、干燥、素烧、施釉、釉烧而成。建筑琉璃制品分为瓦类、脊类和饰件类。

琉璃制品的特点是质地致密、表面光滑,不易污染,坚实耐用,色彩绚丽,造型古朴,富有我国传统的民族特色,常用颜色有金黄、翠绿、宝蓝、青、黑、紫色。

琉璃制品是我国用于古建筑的一种高级屋面材料。采用琉璃瓦盖的建筑,显得格外富有东方民族精神且富丽堂皇、雄伟壮观。但琉璃瓦价格昂贵、自重大,主要用于具有民族色彩的宫殿式房屋以及少数纪念性建筑物上。此外,也常用于建造园林中的亭、台、楼阁、围墙,以增加园林的景色。

(4) 彩胎砖

彩胎砖是一种本色无釉质饰面砖,它采用彩色颗粒土原料混合配料,压制成多彩坯体后,经一次烧成即呈细花纹的表面,富有天然花岗石的纹点,有红、绿、蓝、黄、灰、棕等多种基色。主要规格有 200mm×200mm、300mm×300mm、400mm×400mm、500mm×500mm 及 600mm×600mm 等。

彩胎砖表面有平面和浮雕型两种,又有无光与磨光、抛光之分,其耐磨性好,特别适用于人流大的商场、剧院、宾馆等公共场所地面的铺贴,也可用于住宅起居室的墙地面装修。

(5) 通体砖

通体砖又叫同质砖，表面不上釉，而且正面和反面的材料和色泽一致，因此得名。

通体砖是一种耐磨砖，虽然现在还有渗花通体砖等品种，但相对来说，其花色比不上釉面砖。由于目前的室内设计越来越倾向于素色设计，已成为一种时尚，所以通体砖广泛地使用于厅堂、过道，一般较少使用于墙面，而多数的防滑砖都属于通体砖。

通体砖常有的规格有 300mm×300mm、400mm×400mm、500mm×500mm、600mm×600mm、800mm×800mm 等等。

（6）抛光砖

通体砖经抛光后就成为抛光砖，这种砖的硬度很高，所以非常耐磨。

抛光砖就是通体砖坯体的表面经过打磨而成的一种光亮的砖，属于通体砖的一种。相对通体砖而言，抛光砖的表面要光洁得多。抛光砖坚硬耐磨，适合在除洗手间、厨房以外的多数室内空间中使用。

在运用渗花技术的基础上，抛光砖可以做出各种仿石、仿木效果。抛光砖有一个致命的缺点：易脏。这是抛光砖在抛光时留下的凹凸气孔造成的。这些气孔会藏污纳垢，甚至一点茶水倒在抛光砖上都会留下斑渍，无法清除。也许业界意识到这点，后来一些质量较好的抛光砖在出厂时都加了一层防污层，但这层防污层又使抛光砖失去了通体的效果。

（7）麻面砖

麻面砖是采用仿天然岩石色彩的配料，压制成表面凹凸不平的麻面坯体后，经一次烧成的炻质面砖。砖的表面酷似经人工修凿过的天然岩石面，纹理自然，有白、黄、红、灰、黑等色调，主要规格有 200mm×100mm、200mm×75mm、100mm×100mm 等。薄型砖适用于建筑物外墙装饰，厚型砖适用于广场、码头、人行道等地面铺设。

（8）大型陶瓷饰面板

大型陶瓷饰面板具有单块面积大、厚度薄、平整度好、吸水率小、抗冻、抗化学侵蚀、耐急冷急热、施工方便等优点，并具有书法、条幅、陶瓷壁画等多种艺术品的功能。所以特别适用于大厦、宾馆、酒楼、车站等公共设施的装饰。

（9）玻化砖

玻化砖是以优质瓷土为原料，高温焙烧而成的一种不上釉瓷质饰面砖。玻化砖强度高、耐磨、耐酸碱、不褪色、耐污染，有银灰、斑点绿、浅蓝、珍珠白等多种颜色。主要规格有 300mm×300mm、400mm×400mm、450mm×450mm、500mm×500mm 等。适用于各类商业建筑、旅游建筑、观演建筑的室内外墙面和地面的装饰，也适用于民用住宅的室内地面装饰，是一种中高档的饰面材料。

1）玻化砖是优于花岗石材的又一新型建筑材料，具有如下优点：

（a）色彩艳丽柔和，没有明显色差。而天然花岗石由于成岩时间、岩层的深浅不同色差较大。

（b）高温烧结、完全瓷化生成了多种晶体，理化性能稳定，耐腐蚀、抗污性强，历久如新。花岗石由于自然形成，成材时间、风化程度等不尽相同，导致密度、强度不一，使用两年后逐渐失去光泽，表面磨损粗糙，难以清洁，影响美观。

（c）厚度相对较薄，抗折强度高，砖体轻巧，建筑物荷重减少。而天然花岗石强度较低，笨重，增加了建筑物的荷重，且会给运输、铺贴等过程带来一系列的困难。

（d）无有害元素。而花岗石是天然矿物，长期埋藏于地壳深处，未经高温烧结，故含有氡等微量放射性元素，如长期接触会有害身体健康。

（e）抗折强度大于 45MPa。而花岗石抗折强度约为 17～20MPa。

2）玻化砖的表面防污

玻化砖的惟一缺陷就是经打磨后，毛气孔暴露在外，油污、灰尘等容易渗入。有些厂家经过研究已经通过新技术解决了这个难题，在产品出厂前就做好表面防污处理，将毛气孔堵死，使污物不致渗入。很多品牌的产品没有经过防污处理就能作为合格产品出厂销售，消费者不了解情况，铺装使用时不在意，就会发生污迹斑斑的情况。消费者要在购买时间清楚，未做防污处理的玻化砖在使用中要打蜡，一般的地板蜡就可以。铺装前为避免施工中损伤砖面，应用编织袋等不易脱色的物品把砖面盖好。

（10）金属光泽釉面砖

金属光泽釉面砖是采用钛的化合物，以真空离子溅射法，将釉面砖表面处理呈金黄、银白、蓝等多种色彩，光泽灿烂辉煌，给人以坚固豪华的感觉。适用于商店柱面和门面的装饰。

（11）新型彩色复合地砖

品种多、花色全、色彩美。该产品采用水泥，优质石英砂和特殊致密光亮剂，釉面光泽柔和，花纹图案品种多，花色全，不易褪色，色彩艳丽，防滑耐酸碱，还可根据需要任意设计花型花样，极具装饰性，且价格大大低于天然大理石，质量优于菱镁材料、水泥、砂等所制地砖。

图 2-6　新型彩色复合地砖

施工简便，使用场所广。仅需将地面整平铺水泥、砂等即可施工，各地城市乡镇均可使用。还可制成各种规格的彩色石桌、椅、凳等各式水泥制品。新型彩色复合地砖如图 2-6 所示。

## 1.4　镶贴与安装工程常用石材饰面

### 1.4.1　天然石材

（1）大理石

1）大理石的特性

所谓大理石是广义大理石之称。大理石是由方解石或白云石组成，具有致密的隐晶结构，是中等硬度的碱性石材。其主要特性如下：

（a）具有独特的装饰效果，有纯色及花斑两大系列，花斑系列为斑纹、斑块状的斑驳状纹理，品种多，色泽鲜艳，材质细腻。

（b）抗压强度较高，吸水率低，不易变形。

（c）硬度中等，易加工，开光性好及耐磨性好。

（d）耐久性好。

（e）缺点：由于大理石组成矿物为方解石或白云石，属碱性石材，抗风化性能和耐酸性能较差。因此，除极少数杂质含量少，性能稳定的大理石，如汉白玉、艾叶青等以外，磨光大理石板材一般不宜用于建筑物的外墙面、其他露天部位的室外装修，以及与酸有接触的地面装饰工程，否则受酸侵蚀会使表面失去光泽，甚至起粉，出现斑点，影响装饰效果。

2) 大理石板材（即天然大理石建筑板材）的分类
(a) 普型板（PX）
有正方形板和长方形（又称矩形）板材。
(b) 圆弧板（HM）
装饰面轮廓线的曲率半径处处相同的饰面板材。
(c) 异型板（YX）
3) 大理石板材等级及技术要求
(a) 大理石板材质量等级分为：优等品（A）、一等品（B）、合格品（C）。
(b) 技术要求：大理石板材表观密度不小于 $2.6g/cm^3$；吸水率不大于0.5%；干燥状态下抗压强度不小于50MPa；弯曲强度不小于7MPa；尺寸允许偏差、平面度公差、角度公差、外观质量应符合《天然大理石建筑板材》（JC/T 79—2001）标准的规定；镜面板材的镜面不应低于70光泽度单位（或供需双方协商确定）；普型板拼缝板材正面与侧面的夹角不得大于90°；同一批板材的花纹色调基本一致。
4) 大理石板材的应用
主要用于建筑物室内的墙面、柱面、栏杆、窗台板、服务台、楼梯踏步、电梯间、门套等的饰面，也可以制造成工艺品、壁画和浮雕等。
(2) 花岗石
1) 特性：由石英、长石、云母等组成，晶质结构，是酸性石材、硬石材，其主要特性如下：
(a) 独特的装饰效果。外观常呈整体均匀粒状结构，具有色泽和深浅不同的斑点状花纹。
(b) 石质坚硬致密，抗压强度高，吸水率小。
(c) 耐酸、耐腐、耐磨、抗冻、耐久。
(d) 缺点：硬度大，因此开采困难。质脆，为脆性材料。耐火性较差，因为花岗石中所含的石英矿物成分，当燃烧温度达到573℃和870℃时，石英产生晶型转变，导致石材爆裂，强度下降，因此石英含量高的花岗石耐火性能较差。某些花岗石含有对人体健康有危害的放射性元素。
2) 花岗石板材（即天然花岗石建筑板材）的分类
(a) 按形状分类
普型板（PX）、异型板（YX）、圆弧板（HM）。
(b) 按表面加工分类
亚光板（细面板材）（YG），表面平整光滑；
镜面板（JM），表面平整具有镜面光泽；
粗面板（CM），表面粗糙平整，具有较规则的加工条纹或毛面，包括机刨板、斧剁板、锤击板、烧毛板等。
3) 花岗石的质量等级与技术要求
(a) 质量等级
分为优等品（A）、一等品（B）、合格品（C）。
(b) 技术要求

板材表观密度不小于 2.56g/cm³，吸水率不大于 0.6%，干燥状态下抗压强度不小于 100MPa，弯曲强度不小于 8MPa，光泽度不低于 80 光泽单位（或供需双方商定）。外观质量尺寸偏差、平整度极限允许偏差、角度允许极限偏差、外观缺陷均应符合国家标准《天然花岗石建筑板材》(GB/T 18601—2001) 的相应规定。

普型板拼缝板材正面与侧面夹角不得大于 90°。

4）装饰石材放射性能控制使用标准

装饰石材按照国家无机非金属装饰材料放射性指标限量标准划分为三类：

（a）A 类装修材料：装修材料中放射性元素的放射性比活度同时满足 $R \leqslant 1.0$、$I \leqslant 1.3$ 的要求。该材料使用范围不受限制。

（b）B 类装修材料：不满足 A 类装修材料要求但同时满足 $R \leqslant 1.3$、$I \leqslant 1.9$ 的要求。该材料不可用于 A 类民用建筑工程的内部饰面，可用于其他部位饰面。

（c）C 类装修材料：不满足 A 类、B 类装修材料的要求，但满足 $I \leqslant 2.8$ 的要求。该材料只可用于建筑物的外饰面及室外其他用途。$I \geqslant 2.8$ 的花岗石只可用于碑石、海堤、桥墩等人类很少触及到的地方。

5）花岗石板材的应用

花岗石的板材主要用作建筑室内、外饰面材料以及重要的大型建筑物基础踏步、栏杆、堤坝、桥梁、路面、街边石、城市雕塑及铭牌、纪念碑等。

### 1.4.2 人造石材

人造石材是指人造大理石、人造花岗石和水磨石等建筑装饰板块材料，属于聚酯混凝土或水泥混凝土系列。它的花纹、图案、色泽可以人为控制，是理想的装饰材料。它不仅质轻、强度高，而且耐磨蚀、耐污染、施工方便，这几年发展很快。它在国外已有 40 多年历史，我国还是刚刚起步，但是目前我国生产厂家已经很多，随着建筑业的飞速发展，我国人造大理石、花岗石工业将会出现一个崭新的局面。

(1) 人造石材的应用

人造石材可用于地面、墙面、柱面、踢脚板和阳台等部位装饰，以及楼梯面板、窗台板、服务台台面、庭院石凳等装饰。

(2) 人造石材的分类

1）水泥型人造大理石

以硅酸盐水泥或铝酸盐水泥为胶粘剂，以砂为细骨料，碎大理石、花岗石、工业废渣等为粗骨料，经配制、搅拌、成型、加压蒸养、磨光抛光而成。这种人造大理石表面光泽度高，花纹耐久，耐火性、防潮性都优于一般人造大理石。

2）树脂型人造大理石

以不饱和聚酯为胶粘剂与石英砂、大理石、方解石粉等搅拌混合浇筑成型，在固化剂作用下产生固化作用，经脱模、烘干、抛光等工序而制成。这种方法国际上比较流行。产品的光泽好、颜色浅，可调成不同的鲜明颜色，这种树脂黏度低、易成型、固化快，可在常温下固化。

3）复合型人造大理石

这种板材底层用价格低廉而性能稳定的无机材料，面层用聚酯和大理石粉制作。无机材料可用各种水泥，有机单体可用甲基丙烯酸甲酯、醋酸乙烯、丙烯酯等。这些单体可以单独使用，可组合使用，也可以与聚合物混合使用。

4）烧结人造大理石

这种方法与陶瓷工艺相似。

以上四种方法中，最常用的是聚酯型，物理、化学性能都好，花纹容易设计，适应多种用途，但价格高；水泥型价格最低，但耐腐蚀性能相对较差，易出现微龟裂；复合型则综合了前两种方法的优点，有良好的物理性能，成本也较低；烧结型虽然只用黏土作胶粘剂，但要经高温焙烧，因而能耗大，造价高。

### 1.4.3　艺术石材

艺术石材是多种具有装饰性石材的总称，有天然石材和人造石材两类，用作内墙和外墙面装饰。

（1）文化石（又名板石）的分类及应用

1）石板

有青石板、锈石板、彩石面砖、瓦板等，用于室内地面，内、外墙面及屋面瓦。

2）砂岩

有硅质砂岩、钙质砂岩、铁质砂岩、泥质砂岩四类。性能以硅质砂岩最佳，依次递减。前三类应用于室内、外墙面和地面装饰。泥质砂岩遇水软化，不宜用作装饰材料。

3）石英岩

是硅质砂岩的变质岩，强度大、硬度高、耐酸、耐久性优于其他石材。用于室内、外墙面及地面。

（2）蘑菇石

立体感强，装饰效果好。用于外墙、内墙及屋面。

（3）乱石

包括卵石、乱形石板等。用于外墙面、地面装饰。

# 课题2　施工机具

施工机具主要分为电动工具和手动工具，电动工具中有很多进口品牌，手动工具也越来越向高效、轻便、高科技方面发展。

## 2.1　电动常用工具

电动常用工具有以下几种：

（1）切割机

1）台式切割机

是电动切割大理石等饰面板所用的机械。台式切割机如图2-7（$a$）所示。

2）手提式电动石材切割机

用于安装地面、墙面石材时切割花岗石等板材。功率1050～2000W，转速11000r/min。切割片分为干湿两种，用湿型刀片割时需要用水作冷却液，故在切割之前先将小塑料软管接在切割机的给水口上。手提式电动石材切割机如图2-7（$b$）所示。

3）型材切割机

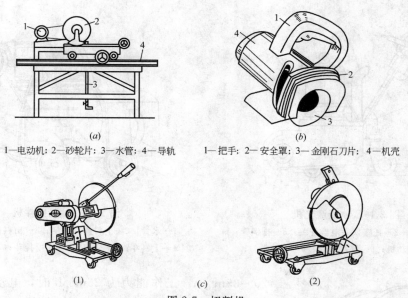

图 2-7 切割机
(a) 台式切割机；(b) 电动切割机；(c) 型材切割机
(1) J3G-400 型；(2) J3G-300 型

型材切割机是切割各种金属材料的理想工具。它利用高速旋转的薄片砂轮来切割各种型材，其外形如图 2-7（c）所示。其特点是切割速度快，生产效率高，切割面平整，垂直度好，光洁度高。

（2）冲击电钻

是可调式，旋转带冲击的电钻。当把旋钮调到纯旋转位置，装上钻头就像普通电钻一样；如把旋钮调到冲击位置，装上镶硬质合金的冲击钻头就可以对混凝土钻孔。多用于建筑装饰及安装水、电、煤气等方面。冲击电钻如图 2-8 所示。

图 2-8 冲击电钻

图 2-9 电动锤钻
(a) 大规格 $\phi 25\sim 38mm$；(b) 小规格 $\phi 6\sim 20mm$

（3）电动锤钻

电动锤钻的主轴具有两种运转状态：一种是冲击带旋转状态时，配用电锤钻头，对混凝土、岩石、砖墙等进行钻孔、开槽、凿毛等作业；另一种是单一旋转状态时，装上钻头夹头连接杆及钻夹头，再配用麻花钻头或机用木工钻头，即如同电钻一样，对金属、塑料、木材等进行钻孔作业。电动锤钻如图 2-9 所示。

（4）地板磨光机

地板磨光机专用于木地板的磨光工作。地板磨光机如图 2-10 所示。其工作能力一般为

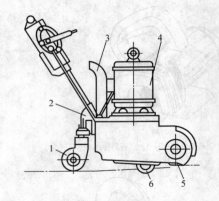

图 2-10　地板磨光机
1—后滚轮；2—托座扶手电器开关；3—排泄管；
4—电动机；5—磨削滚筒；6—前滚轮

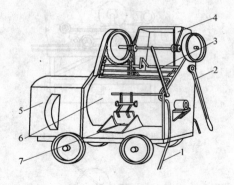

图 2-11　砂浆搅拌机
1—水管；2—上料操纵手柄；3—出料操纵手柄；
4—上料斗；5—变速箱；6—搅拌斗；7—出灰门

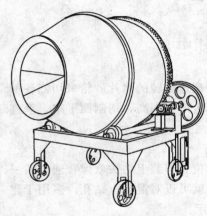

图 2-12　混凝土搅拌机

$20\sim35m^2/h$。工作能力为 $25m^2/h$ 时，电动机功率为 1.7kW，转速为 1440r/min。

操作时，先把磨削滚筒翘起，开动电机，运转正常时再把磨削滚筒放下，接触木地板进行磨削，不能停在一处移动，要求向前来回推动。磨削砂带磨平后应更换新的砂带。一般是先粗磨，后中粗磨，再后细磨，以达到表面平整光滑为止。

(5) 砂浆搅拌机

砂浆搅拌机是搅拌砂浆用的机械，常用的规格是 200L 和 325L，台班产量为 $18m^3$ 和 $26m^3$。砂浆搅拌机如图 2-11 所示。

(6) 混凝土搅拌机

混凝土搅拌机是搅拌混凝土、豆石混凝土、水泥石子浆和砂浆的机械。抹灰常用有 250L、400L 和 500L 的容量。混凝土搅拌机一般要安装在施工棚内。混凝土搅拌机如图 2-12 所示。

## 2.2　抹灰常用的工具

抹灰常用的手工工具有以下几种：

1) 抹子

有铁抹子（方头、圆头）、压子、塑料抹子（方头、圆头）、木抹子、阴角抹子、圆阴角抹子等。抹子如图 2-13 所示。

2) 斩假石工具

有斧头、花锤、多刃斧、扁凿等。斩假石工具如图 2-14 所示。

3) 木制工具、测量器具

有托线板、钢筋卡子、木杠刮尺、八字靠尺板、方尺等。木制工具、测量器具如图 2-15 所示。

4) 其他工具

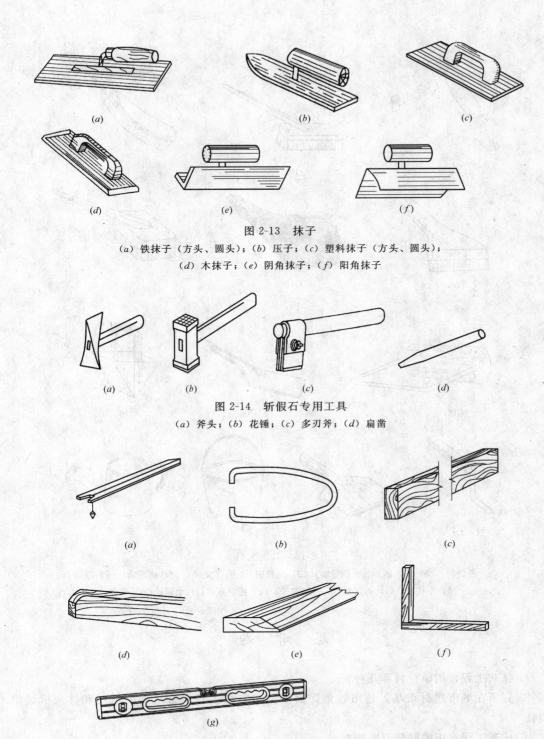

图 2-13 抹子
(a) 铁抹子（方头、圆头）；(b) 压子；(c) 塑料抹子（方头、圆头）；
(d) 木抹子；(e) 阴角抹子；(f) 阳角抹子

图 2-14 斩假石专用工具
(a) 斧头；(b) 花锤；(c) 多刃斧；(d) 扁凿

图 2-15 木制工具、测量器具
(a) 托线板；(b) 钢筋卡子；(c) 木杠刮尺；(d)、(e) 八字靠尺板；(f) 方尺；(g) 水平尺

　　有粉袋包、长毛刷、钢丝刷、鸡腿刷、茅柴帚、猪鬃刷、滚筒、小铁铲、夹灰器、短溜子、托灰板、水桶、喷壶等。其他工具如图 2-16 所示。

图 2-16 其他工具

(a) 粉袋包;(b) 长毛刷;(c) 钢丝刷;(d) 鸡腿刷;(e) 茅柴帚;(f) 猪鬃刷;(g) 滚筒;(h) 小铁铲;(i) 夹灰器;(j) 短溜子;(k) 托灰板;(l) 水桶;(m) 喷壶

## 思 考 题

1. 抹灰工程常用原材料哪几种?
2. 到所在城市建材市场、超市收集饰面镶贴与安装工程中常用饰面材料和抹灰机具的资料。
3. 抹灰工程常用的砂浆有哪些?
4. 轻质隔墙砌筑工程常用的墙体材料有哪些?
5. 饰面镶贴工程常用的瓷砖有哪些品牌?了解知名品牌的价格。
6. 建筑装饰工程中常用的石材有哪些?如何区别花岗石和大理石?

# 单元3　抹灰工程施工工艺

**单元提要**

本单元介绍了抹灰工程中一般抹灰和装饰抹灰的施工工艺。先从施工准备开始叙述，由于抹灰工程是镶贴与安装工程的前序工程。掌握其施工工艺及操作要点也相当重要。其中装饰抹灰主要分三大类来介绍，有混合类、石粒类、聚合物水泥砂浆类。不同饰面做法分构造层次，列表进行比较，便于理论和实训操作。建筑堆塑工艺作为古建筑装饰的一种工艺，是装饰抹灰工人应了解和懂得的一门技术，这里也做了简单介绍。

## 课题1　抹灰前期准备

### 1.1　材料准备

抹灰工程所用材料，主要有胶结材料（在建筑工程中，将砂、石等散粒材料或块状材料粘结成一个整体的材料，统称为"胶结材料"，起粘结作用）、骨料（包括砂、石粒、砾石、石屑、彩色瓷粒、膨胀珍珠岩、膨胀蛭石）、纤维材料（纤维材料在抹灰面装饰中起拉结和骨架作用，使抹灰层不易开裂和脱落）、颜料（为了增加装饰艺术效果，通常在抹灰砂浆中掺入适量颜料）和化工材料（加入适量的化工材料，可以增强抹灰层的粘结力，改善抹灰面的性能，提高抹灰质量）。其用量应根据施工图纸要求计算。并提出进场时间，按施工平面布置图要求分类堆放，以便检验、选择和加工。

### 1.2　机具准备

抹灰用机具包括手工工具和机械设备，施工前应根据装饰装修工程特点做好准备。
（1）常用手工工具
方头铁抹子、圆头铁抹子、木抹子、阴角抹子、圆弧阴角抹子、阳角抹子。
（2）常用木制工具
托灰板、木杠、八字靠尺、钢筋卡子、靠尺板、分格条、托线板和线坠。
（3）常用刷子等其他工具
长毛刷、猪鬃刷、鸡腿刷、钢丝刷、茅草帚、小水桶、喷壶、水壶、粉线包、墨斗。
（4）常用机械设备
砂浆搅拌机、纸筋灰搅拌机、粉碎淋灰机、喷浆机。

### 1.3　技术准备

（1）审查图纸
审查、熟悉图纸中工程各部位的抹灰做法和技术、质量要求。

(2) 制定施工方案

根据现有人力、设备、材料等确定抹灰工程的施工方案，其内容主要有工期、施工顺序和施工方法，做到技术先进、施工方便、经济合理。

抹灰工程的施工顺序，一般遵循"先室外后室内，先上面后下面，先顶棚后墙地"的原则。"先室外后室内"是指先完成室外抹灰，拆除外脚手、堵上脚手眼再进行室内抹灰。"先上面后下面"是指在屋面工程完成后室内外抹灰最好从上往下进行，以便于保护成品。当采取立体交叉流水作业时，也可以采取从下往上施工的方法，但必须采取相应的成品保护措施。"先顶棚后墙地"是指室内抹灰一般可采取先完成顶棚抹灰，再开始墙面抹灰，最后进行地面抹灰，但对于高级装饰工程要根据具体情况确定。

(3) 材料试验和试配工作

(4) 确定花饰和复杂线脚的模型及预制项目

对于高级装饰工程，应预先做出样板（样品或标准间），并经有关单位鉴定后，方可进行。

(5) 队组交底

向施工队组进行详细的技术质量要求的交底。

(6) 合理组织分工

## 1.4 基层处理施工工艺

### 1.4.1 基层处理的施工工艺流程

处理前的检查与交接→基层的表面处理→浇水润墙。

### 1.4.2 施工技术要点

(1) 处理前的检查与交接

抹灰工程施工，必须在结构工程或基层质量检验合格并进行工序交接后进行。对其他配合工种项目也必须进行检查，这是确保抹灰工程质量和生产进度的关键。抹灰前应对下列项目进行检查：

1) 主体结构和水电、暖气、煤气设备的预埋件，以及消防梯、雨水管管箍、泄水管、阳台栏杆、电线绝缘的托架等安装是否齐全和牢固，各种预埋件、木砖位置标高是否正确。

2) 门窗框及其他木制品是否安装齐全并校正后固定，是否预留抹灰层厚度，门窗口高度是否符合室内水平线标高。

3) 纸面石膏板吊顶是否牢固。

4) 水、电管线、配电箱是否安装完毕，有无漏项，水暖管道是否做过压力试验，地漏位置标高是否正确。

5) 对已安装好的门窗框，采用铁板或板条进行保护。

(2) 基层的表面处理

抹灰前应根据具体情况对基层表面进行必要的处理，具体措施如下：

1) 墙上的脚手眼、各种管道穿越过的墙洞和楼板洞、剔槽等应用1∶3水泥砂浆填嵌密实或堵砌好。散热器和密集管道等背后的墙面抹灰，应在散热器和管道安装前进行，抹灰面接槎应顺平。

2) 门窗框与立墙交接处用水泥砂浆或水泥混合砂浆（加少量麻刀）分层嵌塞密实。

3) 基层表面的灰尘、污垢、油渍、碱膜、沥青渍、粘结砂浆等均应清除干净，并用水喷洒湿润。

4) 混凝土墙、混凝土梁头、砖墙或加气混凝土墙等基层表面的凸凹处，要剔平或用1：3水泥砂浆分层补齐，模板铁线应剪除。

5) 板条墙或顶棚板条留缝间隙过窄处，应予以处理，一般要求达到7～10mm（单层板条）。

6) 金属网应铺钉牢固、平整，不得有翘曲、松动现象。

7) 在木结构与砖石结构、木结构与钢筋混凝土结构相接处的基体表面抹灰，应先铺设金属网，并绷紧牢固。金属网与各基体的搭接宽度从缝边起每边不小于100mm，并应铺钉牢固，不翘曲。砖墙与板条墙相交处基体处理如图3-1所示。

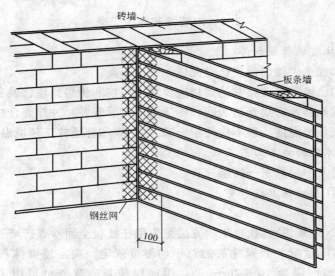

图3-1 砖墙与板条墙相交处基体处理（单位：mm）

8) 平整光滑的混凝土表面如设计无要求时，可不抹灰，用刮腻子处理。如设计有要求或混凝土表面不平，应进行凿毛，方可抹灰。

9) 预制混凝土楼板顶棚，抹灰前需用1：0.3：3混合砂浆将板缝勾实。

（3）浇水润墙

为了确保抹灰砂浆与基层表面粘结牢固，防止抹灰层空鼓、裂缝、脱落等质量通病，在抹灰前除必须对抹灰基层表面进行处理外，还应对墙体浇水湿润。

1) 浇水方法

(a) 将水管对着砖墙上部缓缓左右移动，使水缓慢从上部沿墙面流下。

(b) 使墙面全部湿润为一遍，渗水深度达到8～10mm为宜。如为6cm厚砖墙，应用喷壶喷水一次即可，切勿使砖墙处于饱和状态。

2) 注意要点

(a) 在刮风季节，为防止抹灰面层干裂，在内墙抹灰前，必须首先把外门窗封闭（安装一层玻璃或钉一层塑料薄膜）。对12cm以上厚砖墙，应在抹灰前一天浇水，12cm厚的砖墙浇一遍，24cm厚的砖墙浇两遍。

（b）在常温下进行外墙抹灰，墙体一定要浇两遍水。以防止底层灰的水分很快被墙面吸收，影响底层砂浆与墙面的粘结力。加气混凝土表面孔隙率大，其毛细管为封闭性和半封闭性，阻碍了水分渗透速度。它同砖墙相比，吸水速度约慢3～4倍。因此应提前两天进行浇水，每天两遍以上，使渗水深度达到8～10mm。混凝土墙体吸水率低，抹灰前浇水可以少一些。

（c）各种基层浇水程度，还与施工季节、气候和室内外操作环境有关，因此应根据实际情况酌情掌握。

## 课题2　一般抹灰施工工艺

### 2.1　内墙抹灰施工工艺

2.1.1　内墙抹灰的作业条件
（1）屋面防水或上层楼面面层已经完成，不渗不漏。
（2）主体结构已经检查验收并达到相应要求，门窗和楼层预埋件及各种管道已安装完毕（靠墙安装的散热器及密集管道房间，则应先抹灰后安装）并检查合格。
（3）高级抹灰环境温度一般不应低于+5℃，中级和普通抹灰环境温度不应低于0℃。

2.1.2　内墙抹灰的施工工艺流程
找规矩→底层及中层抹灰→面层抹灰。

2.1.3　内墙抹灰的施工技术要点
（1）找规矩

1）做标志块（贴灰饼）。找规矩的方法是先用托线板全面检查砖墙表面的垂直平整程度，根据检查的实际情况并兼顾抹灰的总平均厚度规定，决定墙面抹灰的厚度。接着在2m左右高度，离墙两阴角10～20cm处，用底层抹灰砂浆（也可用1∶3水泥砂浆或1∶3∶9混合砂浆）各做一个标准标志块，厚度为抹灰层厚度，大小5cm左右见方。以这两个标准标志块为依据，再用托线板靠、吊垂直确定墙下部对应的两个标志块厚度，其位置在踢脚板上口，使上下两个标志块在一条垂直线上。标准标志块做好后，再在标志块附近砖墙缝内钉上钉子，拴上小线挂水平通线（注意小线要离开标志块1mm），然后按间距1.2～1.5m左右，加做若干标志块。找规矩示意图如图3-2所示。凡窗口、垛角处必须做标志块。

2）标筋。标筋，也叫"冲筋"、"出柱头"，就是在上下两个标志块之间先抹出一长条梯形灰埂，其宽度为10cm左右，厚度与标志块相平，作为墙面抹底子灰填平的标准。其做法是在上下两个标志块中间先抹一层，再抹第二遍凸出成八字形，要比灰饼凸出1cm左右。然后用木杠紧贴灰饼左上右下搓，直到把标筋搓得与标志块一样平为止，同时要将标筋的两边用刮尺修成斜面，使其与抹灰层接槎顺平。标筋用的砂浆，应与抹灰底层砂浆相同。

3）阴阳角找方。中级抹灰要求阳角找方。对于除门窗口外还有阳角的房间，则首先要将房间大致规方。其方法是先在阳角一侧墙做基线，用方尺将阳角先规方，然后在墙角

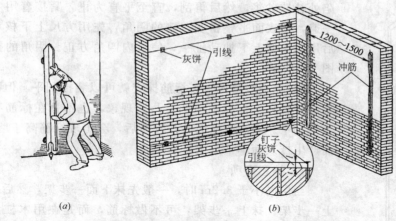

图 3-2 找规矩示意图（单位：mm）
(a) 挂线；(b) 做灰饼、标筋

弹出抹灰准线，并在准线上下两端挂通线做标志块。高级抹灰要求阴阳角都要找方，阴阳角两边都要弹基线。为了便于做角和保证阴阳角方正垂直，必须在阴阳角两边做标志块、标筋。

4）门窗洞口做护角。室内墙面、柱面的阳角和门洞口的阳角抹灰要求线条清晰、挺直，并防止碰坏，因此不论设计有无规定，都需要做护角。护角做好后，也起到标筋作用。护角应抹 1∶2 水泥砂浆，一般高度由地面起不低于 2m，护角每侧宽度不小于 50mm。护角做法如图 3-3 所示。

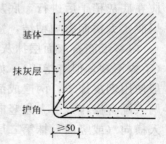

图 3-3 护角做法（单位：mm）

抹护角时，以墙面标志块为依据，首先要将阳角用方尺规方，靠门框一边，以门框离墙面的空隙为准，另一边以标志块厚度为据。最好在地面上划好准线，按准线粘好靠尺板，并用托线吊直，方尺找方。然后，在靠尺板的另一边墙角面分层抹 1∶2 水泥砂浆，护角线的外角与靠尺板外口平齐，一边抹好后，再把靠尺板移到已抹好护角的一边，用钢筋卡子稳住，用线坠吊直靠尺板，把护角的另一面分层抹好。然后，轻轻地将靠尺板拿下，待护角的棱角稍干时，用阳角抹子和水泥浆捋出小圆角。最后在墙面用靠尺板按要求尺寸沿角留出 5cm，将多余砂浆以 40°斜面切掉（切斜面的目的是为墙面抹灰时，便于与护角接槎），墙面和门框等处落地灰应清理干净。窗洞口一般虽不要求做护角，但同样也要方正一致、棱角分明、平整光滑，操作方法与做护角相同。窗口正面应按大墙面标志块抹灰，侧面应根据窗框所留灰口确定抹灰厚度，同样应使用八字靠尺找方吊正，分层涂抹，阳角处也应用阳角抹子捋出小圆角。

（2）底层及中层抹灰

1）将砂浆抹于墙面两标筋之间，底层要低于标筋，待收水后再进行中层抹灰，其厚度以垫平标筋为准，并使其略高于标筋。

2）中层砂浆抹后，即用中、短木杠按标筋刮平。使用木杠时，人站成骑马式，双手紧握木杠，均匀用力，由下往上移动，并使木杠前进方向的一边略微翘起，手腕要活。凹

图 3-4 阴角的扯平找直

陷处补抹砂浆，然后再刮，直至平直为止。紧接着用木抹子搓磨一遍，使表面平整密实。墙的阴角，先用方尺上下核对方正，然后用阴角器上下抽动扯平，使室内四角方正。阴角的扯平找直如图 3-4 所示。

3) 在一般情况下，标筋抹完就可以装挡刮平。但要注意，如果筋软容易将标筋刮坏产生凸凹现象，也不宜在标筋有强度时再装挡刮平。因为待墙面砂浆收缩后，会出现标筋高于墙面的现象，而产生抹灰面不平等质量通病。

4) 注意事项

当层高小于 3.2m 时，一般先抹下面一步架，然后搭架子再抹上一步架。抹上一步架，可不做标筋，而是在用木杠刮平时，紧贴在已经抹好的砂浆上作为刮平的依据。

当层高大于 3.2m 时，一般是从上往下抹。如果后做地面、墙裙和踢脚板时，要将墙裙、踢脚板准线上口 5cm 处的砂浆切成直槎，墙面要清理干净，并及时清除落地灰。

(3) 面层抹灰

一般室内砖墙面抹灰常用纸筋石灰、麻刀石灰、石灰砂浆和刮大白腻子等。面层抹灰应在底灰稍干后进行，底灰太湿会影响抹灰面平整，还可能"咬色"；底灰太干，易使面层脱水太快而影响粘结，造成面层空鼓。

1) 纸筋石灰面层抹灰。纸筋石灰面层抹灰，一般是在中层砂浆六至七成干后进行（手捺不软，但有指印）。如果底层砂浆过于干燥，应先洒水湿润。再抹面层。抹灰操作一般使用钢皮抹子，两遍成活，厚度不大于 2mm，一般由阴角或阳角开始。自左向右进行，两人配合操作，一人先竖向（或横向）薄薄抹一层，要使纸筋石灰与中层紧密结合；另一人横向（或竖向）抹第二层，抹平，并要压平溜光。压平后，如用排笔或茅柴帚蘸水横刷一遍。使表面色泽一致，再用钢皮抹子压实、揉平、抹光一次，面层则会更为细腻光滑。阴阳角分别用阴阳角抹子捋光。随手用毛刷子蘸水将门窗边口阳角、墙裙和踢脚板上口刷净。纸筋石灰罩面的另一种做法是：两遍抹后，稍干就用压子式塑料抹子顺抹子纹压光，经过一段时间，再进行检查，起泡处重新压平。

2) 麻刀石灰面层抹灰。麻刀石灰面层抹灰的操作方法，与纸筋石灰面层抹灰相同。但麻刀与纸筋纤维的粗细有很大区别，纸筋容易捣烂，能形成纸浆状，故制成的纸筋石灰比较细腻，用它做罩面灰厚度可以达到不超过 2mm 的要求；而麻刀的纤维比较粗，且不易捣烂，用它制成的麻刀石灰抹面厚度按要求不得大于 3mm 比较困难，如果厚了，则面层易产生收缩裂缝，影响工程质量，为此应采取上述两人操作方法。

3) 石灰砂浆面层抹灰。石灰砂浆面层抹灰应在中层砂浆五至六成干时进行。如中层较干时，须洒水湿润后再进行。操作时，先用铁抹子抹灰，再用刮尺由下向上刮平，然后用木抹子搓平，最后用铁抹子压光成活。

4) 刮大白腻子。面层刮大白腻子，一般应在中层砂浆干透、表面坚硬呈灰白色，且没有水迹及潮湿痕迹、用铲刀刻画显白印时进行。大白腻子配合比是大白粉：滑石粉：聚醋酸乙烯乳液：羧甲基纤维素溶液（浓度 5%）=60：40：(2~4)：75（质量比）。调配时。大白粉、滑石粉、羧甲基纤维素溶液应提前按配合比搅匀浸泡。

面层刮大白腻子一般不少于两遍，总厚度1mm左右。操作时，使用钢片或胶皮刮板，每遍按同一方向往返刮。

头道腻子刮后，在基层已修补过的部位应进行复补找平，待腻子干后，用细砂纸磨平。扫净浮灰。待头遍腻子干燥后，再进行第二遍。要求表面平整，纹理质感均匀一致。阴阳角找直的方法是在角的两侧平面满刮找平后，再用直尺检查，当两个相邻的面刮平并相互垂直后，阴阳角也就垂直了。

## 2.2 顶棚抹灰施工工艺

### 2.2.1 顶棚抹灰的作业条件

（1）屋面防水层及楼面面层已经施工完毕，穿过顶棚的各种管道已经安装就绪，顶棚与墙体间及管道安装后遗留空隙已经清理并填堵严实。

（2）现浇混凝土顶棚表面的油污等已经清除干净，用钢丝刷已满刷一道，凹凸处已经填平或凿去。预制板顶棚除已处理以上工序外，板缝应已清扫干净，并且用1∶3水泥砂浆已经填补刮平。

（3）顶棚表面在抹灰前要凿毛或涂刷界面剂。

（4）木板条基层顶棚板条间隙在8mm以内，无松动翘曲现象，污物已经清除干净。

（5）板条钉钢丝网基层，应铺钉可靠、牢固、平直。

### 2.2.2 顶棚抹灰的施工工艺流程

找规矩→底、中层抹灰→面层抹灰。

### 2.2.3 顶棚抹灰的施工技术要点

（1）找规矩

顶棚抹灰通常不做标志块和标筋，而用目测的方法控制其平整度，以无明显高低不平及接槎痕迹为准。先根据顶棚的水平面，确定抹灰的厚度，然后在墙面的四周与顶棚交接处弹出水平线，水平线一般距墙50mm作为抹灰的水平标准。

（2）底、中层抹灰

1）一般底层砂浆采用配合比为水泥∶石灰膏∶砂＝1∶0.5∶1的水泥混合砂浆，底层抹灰厚度为2mm。底层抹后紧跟着就抹中层砂浆，其配合比一般采用水泥∶石灰膏∶砂＝1∶3∶9的水泥混合砂浆，抹灰厚度6mm左右，抹后用软刮尺刮平赶匀，随刮随用。长毛刷子将抹印顶平，再用木抹子搓平，顶棚管道周围用小工具顺平。

2）抹灰时，厚薄应掌握适度，随后用软刮尺赶平。如平整度欠佳，应再补抹和赶平，但不宜多次修补，否则容易搅动底灰而引起掉灰。如底层砂浆吸水快，应及时洒水，以保证与底层粘结牢固。

3）在顶棚与墙面的交接处，一般是在墙面抹灰完成后再补做，也可在抹顶棚时，先将距顶棚20～30cm的墙面同时完成抹灰，方法是用铁抹子在墙面与顶棚交角处添上砂浆，然后用木阴角器抽平压直即可。

（3）面层抹灰

待中层抹灰达到六至七成干，即用手按不软，有指印时（要防止过干，如过干应稍洒水）再开始面层抹灰。如使用纸筋石灰或麻刀石灰时，一般分两遍成活。其涂抹方法及抹灰厚度与内墙面抹灰相同。第一遍抹得越薄越好，紧跟抹第二遍。抹第二遍时，抹子要稍平，抹完后待灰浆稍干，再用塑料抹子或压子顺着抹纹压实压光。

各抹灰层受冻或急骤干燥，都会产生裂纹或脱落，因此需要加强养护。

## 2.3 外墙抹灰施工工艺

### 2.3.1 外墙抹灰的作业条件

（1）主体结构施工完毕，外墙所有预埋件、嵌入墙体内的各种管道已安装完毕，阳台栏杆已装好。

（2）门窗安装合格，框与墙间的缝隙已经清理，并用砂浆分层分遍堵塞严密。

（3）大板结构外墙面接缝防水已处理完毕。

（4）砖墙凹凸过大处已用1:3水泥砂浆填平或已剔凿平整，脚手孔洞已经堵严填实，墙面污物已经清理，混凝土墙面光滑处已经凿毛。

（5）加气混凝土墙板经清扫后，已用1:1水泥砂浆掺10％108胶水刷过一道。

（6）脚手架已搭设。

### 2.3.2 外墙抹灰的施工工艺

找规矩→粘贴分格条→外墙墙面抹灰。

### 2.3.3 外墙抹灰的施工技术要点

（1）找规矩

外墙面抹灰与内墙抹灰一样要挂线做标志块、标筋。但因外墙面由檐口到地面，抹灰看面大，窗、阳台、明柱、腰线等看面都要横平竖直，而抹灰操作则必须一步架一步架地往下抹。因此，外墙抹灰找规矩要在四角先挂好自上而下垂直通线（多层及高层房屋，应用钢丝线垂下），然后根据大致决定的抹灰厚度，每步架大角两侧最好弹上控制线，再拉水平通线，并弹水平线做标志块，竖向每步架做一个标志块，然后做标筋。

（2）粘贴分格条

为避免罩面砂浆收缩后产生裂缝，影响墙面美观，应在中层灰六至七成干后，按要求弹出分格线，粘贴分格条。水平分格条一般贴在水平线下边，竖向分格条一般贴在垂直线的左侧。木分格条在使用前要用水泡透，以便于粘贴和起出，并能防止使用时变形。（现在工程中多用塑料成品分格条，使用前不用水泡）粘贴时，分格条两侧用粘稠水泥浆或水泥砂浆抹成与墙面成八字形。对于当天罩面的分格条，两侧八字形斜角可抹成45°。粘贴分格条如图3-5（a）所示。对于不立即罩面的分格条，两侧八字形斜角应适当陡一些，一般为60°粘贴分格条如图3-5（b）所示。分格条要求横平竖直，接头平直，四周交接严密，不得有错缝或扭曲现象。分格缝宽窄和深浅应均匀一致。

（3）抹灰

1）外墙抹灰层要求有一定的防火性能。若为水泥混合砂浆，配合比为水泥：石灰：砂＝1:1:6；如为水泥砂浆，配合比为水泥：砂＝1:3。

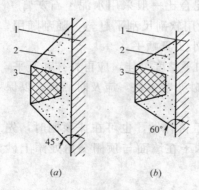

图3-5 粘贴分格条
(a) 粘贴分格条；(b) 粘贴分格条
1—基体；2—水泥浆；3—分格条

2）底层砂浆凝固具有一定强度后，再抹中层，抹时用木杠、木抹子刮平压实，扫毛，浇水养护。抹面层时先用1：2.5水泥砂浆薄薄刮一遍；抹第二遍时，与分格条抹齐平，然后按分格条厚度刮平、搓实、压光，再用刷子蘸水按同一方向轻刷一遍，以达到颜色一致，并清刷分格条上的砂浆，以免起条时损坏墙面。起出分格条后，随即用水泥浆把缝勾齐。

3）室外抹灰面积较大，不易压光罩面层的抹纹，所以一般采用木抹子搓成毛面，搓平时要轻重一致，先以圆圈形搓抹，然后上下抽拉，方向一致，以使面层纹路均匀。抹灰完成24h后要注意养护，宜淋水养护7天以上。

4）外墙面抹灰时，在窗台、窗楣、雨篷、阳台、檐口等部位应做流水坡度。设计无要求时，可做10%的泛水，下面应做滴水线或滴水槽，滴水槽的宽度和深度均不小于10mm。要求棱角整齐，光滑平整，起到挡水作用。

## 课题3 装饰抹灰的施工工艺

### 3.1 装饰抹灰的施工工艺流程

抹灰中层验收→弹线、粘贴分格条→装饰抹灰→起分格条及浇水养护。

### 3.2 装饰抹灰的技术要点

（1）装饰抹灰前必须检查中层抹灰的施工质量，经验收合格后才能进行面层施工。

（2）装饰抹灰所用材料必须经验收合格或试验合格后方能使用；装饰抹灰面层的厚度、颜色、图案应符合设计要求。

（3）同一墙面的砂浆应用同一产地、品种、批号；使用同一配合比，专人用专机搅拌，使色泽一致。水泥和颜料应精确计量后，干拌均匀，过筛，装袋备用。

（4）高层建筑外墙装饰抹灰，应用经纬仪控制垂直度，应根据建筑物的实际情况，划分为若干个施工段分段、分片施工。

（5）抹灰顺序应先上后下、先檐部后墙面；要尽量做到同一墙面不接槎，必须接槎时，应注意接槎位置留在阴阳角交接处或分格线处。抹底子灰前基层要先浇水湿润，底子灰表面应扫毛或划出纹道，经养护1~2d后再罩面，次日浇水养护。夏季应避免在日光曝晒下抹灰。

（6）弹分格线、嵌分格条。待中层灰六至七成干时，按设计弹出分格线，用素水泥浆沿分格线嵌分格条。木分格条应提前用水浸透。用后洗净并用水浸泡防止变形。分格条必须粘贴牢固，横平竖直，接头平直，不得松动、歪斜。

（7）拆除分格条、勾缝。面层抹好后即可拆除分格条。拆除分格条后，用素水泥浆将分格缝勾抹平整。采用"隔夜缝"的罩面层，必须待面层砂浆达到适当强度后方可拆除。

（8）做滴水线。做窗台、雨篷、压顶、檐口等部位滴水线时，应先抹立面，后抹顶面，再抹底面。顶面抹出流水坡度，底面在距外沿边40~50mm处抹滴水线槽或抹鹰嘴。滴水线槽一般深12~15mm，宽为：里口宽7mm，外口宽10mm。窗台两面的抹灰层应伸入窗框下槛的裁口内，堵塞密实。阳台上窗台不必做排水坡。

(9) 不同材料墙面基层的基层处理方法同一般抹灰。

(10) 为保证饰面层与基层粘结牢固，颜色均匀，施工前宜先在基层喷刷108胶水溶液一遍（配比是108胶：水＝1：3）。

## 3.3 混合类装饰抹灰

混合类装饰抹灰施工工艺有以下几种：

(1) 分层做法

混合类装饰抹灰在各种基层上的分层做法如表3-1所示。

混合类装饰抹灰分层做法表　　　　表3-1

| 种类 | 基层 | 分层做法（体积比） | 厚度（mm） |
|---|---|---|---|
| 拉毛灰 | 砖墙基层 | ①1：0.5：4混合砂浆抹底层<br>②1：0.5：4混合砂浆抹中层找平<br>③刮水灰比为0.37～0.40的水泥浆<br>④抹纸筋石灰罩面拉毛或抹混合砂浆罩面拉毛 | 6～7<br>6～7<br><br>4～20 |
| | 混凝土墙基层 | ①满刮水灰比为0.37～0.40的水泥浆或洒水泥砂浆<br>②③④同砖墙基层 | |
| | 加气混凝土基层 | ①涂刷一遍1：(3～4)的108胶水溶液<br>②③④同砖墙基层 | |
| 洒毛灰 | 砖墙基层 | 满刮水灰比为0.37～0.40的水泥砂浆或洒水泥浆后，各分层做法与砖墙相同 | 7～9<br>5～7 |
| | 混凝土墙基层 | ①1：0.5：4混合砂浆抹底层<br>②1：0.5：4混合砂浆罩面后用木抹子搓出毛纹 | |
| | 加气混凝土基层 | ①满刮水灰比为0.37～0.40水泥浆或洒水泥砂浆<br>②③同砖墙的①② | 7～9<br>5～7 |
| 搓毛灰 | 砖墙基层 | ①涂刷一遍1：(3～4)的108胶水溶液<br>②1：0.5：4混合砂浆抹底层<br>③1：1：6混合砂浆找平<br>④1：1：6混合砂浆罩面搓毛 | 7～9<br>7～9 |
| | 混凝土墙基层 | | |
| | 加气混凝土基层 | ①1：0.5：3混合砂浆抹底层<br>②1：0.5：3混合砂浆抹中层<br>③满刮一遍水灰比为0.37～0.40的水泥浆<br>④1：0.5：3混合砂浆罩面后钢丝刷刷毛 | 7～9<br>0～6<br>7～9 |
| 扒拉灰 | 砖墙基层 | ①满刮水灰比为0.37～0.40的水泥浆或洒水泥砂浆<br>②1：0.5：3混合砂浆找平<br>③满刮一遍水灰比为0.37～0.40的水泥浆<br>④1：0.5：3混合砂浆罩面后钢丝刷刷毛 | 6<br>0～5<br><br>0～9 |
| | 混凝土墙基层 | ①满刮水灰比为0.37～0.40的水泥浆或洒水泥砂浆<br>②1：0.5：3混合砂浆找平<br>③满刮一遍水灰比为0.37～0.40的水泥浆<br>④1：0.5：3混合砂浆罩面后钢丝刷刷毛 | 3～10<br>8～10 |
| | 加气混凝土基层 | ①涂刷一遍1：(3～4)的108胶水溶液<br>②1：0.5：4混合砂浆抹底层<br>③1：0.5：3混合砂浆抹中层<br>④1：0.5：3混合砂浆罩面后用钢丝刷刷毛 | 7～9<br>5～7<br>8～10 |

续表

| 种类 | 基层 | 分层做法(体积比) | 厚度(mm) |
|---|---|---|---|
| 扒拉石 | 砖墙基层 | ①1：3水泥砂浆抹底层<br>②1：3水泥砂浆抹中层<br>③刮水灰比为0.37～0.40水泥浆一遍<br>④1：2水泥细砾石浆罩面后用钉耙子扒拉表面 | 5～7<br>5～7<br><br>10～12 |
| | 混凝土墙基层 | ①满刮水灰比为0.37～0.40水泥浆或洒水泥砂浆<br>②1：3水泥砂浆找平<br>③刮水灰比为0.37～0.40水泥浆一遍<br>④1：2水泥细砾石浆罩面后用钉耙子扒拉表面 | <br>3～10<br><br>10～12 |
| | 加气混凝土基层 | ①涂刷一遍1：(3～4)的108胶水溶液<br>②1：0.5：4混合砂浆抹底层<br>③1：3水泥砂浆抹中层<br>④刮水灰比为0.37～0.40水泥浆一遍<br>⑤1：2水泥细砾石浆罩面后用钉耙子扒拉表面 | <br>7～9<br>5～7<br><br>10～12 |

(2) 操作要点

1) 拉毛灰

(a) 水泥拉毛灰

拉毛灰是在水泥砂浆或水泥混合砂浆抹灰的中层上，抹上纸筋石灰浆、混合浆或者水泥混合砂浆，然后用拉毛工具（棕刷子、铁抹子或麻刷子等）将砂浆拉成波纹、斑点等花纹而做成的装饰面层。这是一种传统的装饰工艺，内外墙面都可以采用。由于拉毛灰容易积灰尘，所以目前它在外墙抹灰应用的已不多见。但是，拉毛灰具有吸声作用，因而常用于有吸声要求的礼堂、影剧院、会议室等室内墙面，当然也可用在阳台拦板或围墙等外饰面。

拉毛灰的基层处理与一般抹灰相同。拉毛灰的底层与中层抹灰，要根据基层的不同和拉毛灰的不同而采用不同的底、中层砂浆。中层砂浆涂抹后，先刮平再用木抹子搓毛，待中层六至七成干时，根据其干湿程度，浇水湿润墙面，然后涂抹面层（罩面）并进行拉毛。拉毛灰用料，应根据设计要求统一配制，并先做出样板，然后再进行大面积施工。在操作时，要两人操作：一人在前面抹罩面灰，一人紧接着拉毛。拉毛有粗毛与细毛、长毛与短毛、大毛头与小毛头之分，此外还有条筋拉毛等。

(b) 纸筋石灰罩面拉毛

纸筋石灰罩面拉毛的操作方法是一人先抹纸筋石灰，另一人紧跟在后用硬毛鬃刷往墙上垂直拍拉，拉出毛头。操作时用力要均匀，使毛头显露均匀、大小一致。涂抹厚度应以拉毛长度来决定，一般为4～20mm，涂抹时应保持厚薄一致。

(c) 混合砂浆罩面拉毛

混合砂浆罩面拉毛有混合砂浆罩面拉毛和混合加纸筋砂浆罩面拉毛两种。前者多用于外墙饰面，后者多用于内墙饰面。在混合砂浆罩面拉毛时，待中层砂浆五至六成干后，浇水湿润墙面，刮一道素水泥浆，以保证拉毛面层与中层粘结牢固。

当罩面砂浆使用1：0.5：1混合砂浆拉毛时，一般一人在前刮素水泥浆，另一人在后进行罩面拉毛。拉毛用白麻缠成的圆形麻刷子（麻刷子的直径依拉毛疙瘩的大小而定），把砂浆向墙面一点一拉，靠灰浆的塑性及吸力拉出一个个均匀一致的毛疙瘩来。

当采用混合另加纸筋拉毛操作时，罩面砂浆配合比是一份水泥按拉毛粗细掺入适量的石灰膏的体积比：拉粗毛时掺石灰膏 5% 和石灰膏质量 3% 的纸筋；中等毛头掺 10%～20% 的石灰膏和石灰膏质量的 3% 的纸筋；拉细毛头掺 25%～30% 石灰膏和适量砂子。

拉粗毛时，在基层上抹 4～5mm 厚的砂浆，用铁抹子轻触表面用力拉回；拉中等毛头可用铁抹子，也可用硬毛鬃刷拉起；拉细毛时，用鬃刷粘着砂浆拉成花纹。拉毛时，在一个平面上，应避免中断留槎，以做到色调一致不露底。有时设计要求拉毛灰掺入颜料，这时应在抹罩面砂浆前，做出色调对比样板，选样后统一配料，使颜色一致。

(d) 条筋形拉毛

条筋形拉毛的操作是在混合砂浆拉毛的墙面上，用专用刷子蘸 1∶1 混合浆刷出条筋。条筋比拉毛面凸出 3～5mm，稍干后用钢皮抹子压一下，最后按设计要求刷色浆。待中层砂浆六至七成干时，刮一道素水泥浆，然后抹混合砂浆面层，随即用硬毛鬃刷拉细毛面，刷条筋。刷条筋前，先在墙上弹垂直线，线与线的距离以 40cm 左右为宜，以此作为刷筋的依据。条筋的宽度约 20mm，间距约 30mm。刷条筋，宽窄不要太一致，应自然带点毛边。条筋之间的拉毛应保持整洁、清晰。

拉毛时应做到轻触慢拉、用力均匀、快慢一致，切忌用力过猛、速度过快。在一个平面内应尽量一气呵成，避免中间留槎。如发现毛头不匀、大小不一时，应及时抹平重拉。拉毛结束后应及时取出分格条，并在缝内抹水泥浆及上色，24h 后开始浇水养护，养护时间不宜少于 7d。

2) 洒毛灰

洒毛灰的施工方法和适用范围与拉毛灰基本相同。洒毛灰是用茅草、高粱穗或竹条等绑成的 20cm 左右的茅柴帚蘸罩面砂浆均匀地洒在抹灰中层上，形成云朵状、大小不一但有规律的饰面。洒毛砂浆一般采用带色的 1∶1 水泥砂浆，稠度以能粘上茅柴帚而洒在墙面上又不流淌为宜。操作时应一次成活，不能补洒，在一个平面内不允许留槎。洒毛时，应由上往下，用力均匀，每次蘸用的砂浆量、洒向墙面的角度以及与墙的距离都要保持一致。如果几个人同时操作时，则应先试洒，要求操作人员手势作法基本一致，相互纠正协调，以保证在墙面上出现的云朵大小相称、分布均匀。

此外，也有的在刷色的中层上，人为不均匀地洒上罩面灰浆，并用抹子轻轻压平，部分地露出带色的底子，形成底色与洒毛灰纵横交错呈云朵状的饰面。

3) 搓毛灰

搓毛灰是用木抹子在罩面上搓毛而形成的装饰面层。它适用于外墙装饰抹灰。搓毛灰的基层处理、底层抹灰、中层抹灰和面层抹灰的操作方法与一般抹灰相同，分层做法见表 3-1。所不同的是，搓毛灰是用木抹子在罩面层上搓毛。在搓毛时，若罩面过干应边洒水边搓毛，不能干搓；抹纹要顺直，不要乱搓，应搓得均匀一致，没有接槎。

4) 扒拉灰

扒拉灰是用钢丝刷子在罩面上刷毛扒拉而形成的装饰面层。它适用于外墙装饰抹灰。扒拉灰的分层做法见表 3-1。扒拉灰一般用 1∶0.5∶3 混合砂浆抹底层和中层，罩面用 1∶0.5∶3 混合砂浆或 1∶1 水泥砂浆，然后用钢丝刷子刷毛。一般扒拉灰饰面多数进行分格，所以在罩面前先粘分格条，按设计要求的横竖分格施工。分格条粘好后，在中层应先刮一遍水灰比为 0.37～0.40 的水泥浆，再抹面层灰，并应一次与分格条抹平，找平后待稍收水，用木抹子搓平，并用铁抹子压实压平，使砂浆与中层粘结牢固、密实。然后用钢丝刷子，竖向将表面刷毛扒拉表面。扒拉时，手的动作是划圈移动，手腕部要活，动作要轻，否则扒拉的深浅不一致，表面观感不好。

5）扒拉石

扒拉石适用于外墙装饰抹灰。扒拉石的基层处理和底层抹灰、中层抹灰的操作方法与扒拉灰相同。分层做法见表 3-1。其面层用 1∶2 水泥细砾石浆，厚度一般为 10～12mm。然后用钉耙子扒拉表面。抹扒拉石面层，要求使用的细砾石颗粒以 3～5mm 的砂漏为最好，可节约材料，降低成本。待中层砂浆六至七成干时，以分格法抹面层，抹水泥细砾石浆的稠度不宜太低，略比水泥砂浆抹面干些即可，一次抹够厚度，找平后用铁抹子反复压实压平，以增强水泥细砾石浆的密实度。扒拉石压实压平后，按设计要求四边留出 4～6cm 不扒拉的框。此外，也有在格的四个角套好样板做成剪子股式弧形，以增加美感。

扒拉石用的钉耙，可在自制 100mm×50mm×15mm（长×宽×厚）的木板上钉 20mm 长小圆钉，钉尖穿透板面，钉子的纵横距离以 7～8mm 为宜。用钉耙进行扒拉石操作时，要掌握好扒拉的时间，时间过早会出现颜色不一致，露底子及杂乱无章；时间过迟则扒拉不动，也影响表面质量。一般以不粘钉耙为准，这样扒拉出来的表面是砂粒掉的地方而形成的凹陷砂窝，无砂粒的地方出现凸出的水泥砂浆（但要不出现抹子压的光面）。要求颜色一致，没有死坑、漏划或划掉水泥浆，不准出现接槎。

6）拉条灰

拉条抹灰是用专用模具把面层砂浆做出竖线条的装饰抹灰做法。利用条形模具上下拉动，使墙面抹灰呈规则的细条、粗条、半圆条、波形条、梯形条和长方形条等。它可代替拉毛等传统的吸声墙面，具有美观大方、不易积尘及成本较低等优点，可应用于要求较高的室内装饰抹灰，例如公共建筑的门厅、会议室、观众厅等墙面装饰抹灰。

拉条灰的基层处理和底层抹灰、中层抹灰的操作方法与一般抹灰相同。其面层砂浆配合比如无特殊要求，可参考如下数值：采用细条形拉条灰时，面层砂浆一般采用同一种配比，即水泥∶砂∶细纸筋石灰膏＝1∶2∶0.5 的纸筋混合砂浆；采用粗条形拉条灰时，抹灰面层分两层不同配比的砂浆，第一层砂浆配比为水泥∶细纸筋石灰膏∶砂＝1∶0.5∶2.5，第二层（面层）配比为水泥∶细纸筋石灰膏＝1∶0.5 的水泥纸筋石灰膏。

面层抹灰完成后，用拉条灰模具靠在木轨道上自上而下多次拉动成型，模具拉动时，不管墙面高度如何，在同一操作层都应一次完成，成活后的灰条应上下顺直、表面光滑、灰层密实、无明显接槎。如果线条表面出现断裂细缝时，可在第二天用相同种类和配比的砂浆修补，然后再用同一模具上下来回拉模。拉条灰活模的使用如图 3-6 所示。

7）仿石抹灰

仿石抹灰又称"仿假石"，是在基层上涂抹面层砂浆，分出大小不等的横平竖直的矩形格块，用竹丝扎成能手握的竹丝帚。用人工扫出横竖毛纹或斑点，犹如石面质感的装饰抹灰。它适用于影剧院、宾馆内墙面和厅院外墙面等装饰抹灰。

仿石抹灰的基层处理和底层抹灰、中层抹灰的操作方

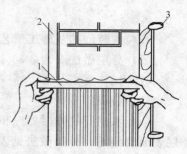

图 3-6 拉条灰活模的使用
1—活模；2—标筋；3—标志

法与一般抹灰相同。其中层要刮平、搓平、划痕。墙面分格尺寸可大可小，一般可分成 25cm×30cm、25cm×50cm、50cm×50cm、50cm×80cm 等几种组合形式。内墙仿石抹灰，可离开顶棚 6cm 左右，下面与踢脚板相连；外墙上口用突出腰线与上面抹灰分开，下面可直接到底。

采用隔夜浸水的 6mm×15mm 分格木条，根据墨线用纯水泥浆镶贴木条。

抹面层灰以前，先要检查墙面干湿程度，并浇水湿润。

面层抹灰后，用刮尺沿分格条刮平，用木抹子搓平。等稍收水后，用竹丝帚扫出条纹。扫好条纹后，立即起出分格条，随手将分格缝飞边砂粒清净，并用素灰勾好缝。

8）假面砖

假面砖是用彩色砂浆抹成相当于外墙面砖分块形式与质感的装饰抹灰面。假面砖抹灰用的彩色砂浆，一般按设计要求的色调调配数种，并先做出样板，确定标准配合比。一般多配成土黄、淡黄或咖啡等颜色。彩色砂浆参考配合比见表 3-2 所示。

彩色砂浆参考配合比（体积比）　　　　表 3-2

| 设计颜色 | 普通水泥 | 白水泥 | 白灰膏 | 颜料（按水泥量%） | 细　砂 |
|---|---|---|---|---|---|
| 土黄色 | 5 |  | 1 | 氧化铁红(0.2～0.3)<br>氧化铁黄(0.1～0.2) | 9 |
| 咖啡色 | 5 |  | 1 | 氧化铁红(0.5) |  |
| 淡黄 |  | 5 |  | 铬黄(0.9) | 9 |
| 浅桃色 |  | 5 |  | 铬黄(0.5)、红珠(0.4) | 9 |
| 淡绿色 |  | 5 |  | 氧化铬绿(2) | 白色细砂 9 |
| 灰绿色 |  | 5 | 1 | 氧化铬绿(2) | 白色细砂 9 |
| 白色 |  | 5 |  |  | 白色细砂 9 |

假面砖的基层处理和底层抹灰、中层抹灰（一般中层灰为 1:3 水泥砂浆）的操作方法与一般抹灰相同，分层做法见表 3-1。其面层砂浆涂抹前，浇水湿润中层，先弹水平线（可按每步架为一个水平工作段，上、中、下弹三条水平线，以便控制面层划沟平直度），然后抹 1:1 水泥砂浆垫层，厚度 3mm，接着抹面层砂浆 3～4mm 厚。面层稍收水后，用铁梳子或铁皮刨子沿靠尺板由上向下划纹，深度不超过 1mm。然后根据面砖的宽度用铁钩子或铁皮刨子沿靠尺板横向划沟，深度以露出垫层灰为准，划好横沟后将飞边砂粒扫净。

### 3.4 石粒类装饰抹灰

石粒类装饰抹灰施工工艺有以下几种：

（1）分层做法（表 3-3）

（2）操作要点

1）水刷石

（a）水刷石的基层处理和底层抹灰、中层抹灰的操作方法与一般抹灰相同，抹好的中层表面要划毛，分层做法见表 3-3。

（b）抹面层石粒浆。待中层抹灰六至七成干并经验收合格后，按设计要求弹线，贴分格条，然后洒水润湿，紧接着刷水灰比为 0.37～0.40 的素水泥浆一道，随即抹面层石

**石粒类装饰抹灰分层做法表**  表 3-3

| 种类 | 基层 | 分层做法(体积比) | 厚度(mm) |
|---|---|---|---|
| 水刷石 | 砖墙基层 | ① 1:3 水泥砂浆抹底层<br>② 1:3 水泥砂浆抹中层<br>③ 刮水灰比为 0.37～0.40 水泥浆一遍为结合层<br>④ 水泥石粒浆或混合膏石粒浆面层(按使用石粒大小)<br>a. 1:1 水泥大八厘石粒浆(或 1:0.5:1.3 混合膏石粒浆)<br>b. 1:1.25 水泥中八厘石粒浆(或 1:0.5:1.5 混合膏石粒浆)<br>c. 1:1.5 水泥小八厘石粒浆(或 1:0.5:2.0 混合膏石粒浆) | 5～7<br>5～7<br><br><br>20<br>15<br>10 |
| | 混凝土墙基层 | ① 刮水灰比为 0.37～0.40 水泥浆或洒水泥砂浆<br>② 1:0.5:3 混合砂浆抹底层<br>③ 1:3 水泥砂浆抹中层<br>④ 刮水灰比为 0.37～0.40 水泥浆一遍为结合层<br>⑤ 水泥石粒浆或混合膏石粒浆面层(按使用石粒大小)<br>a. 1:1 水泥大八厘石粒浆(或 1:0.5:1.3 混合膏石粒浆)<br>b. 1:1.25 水泥中八厘石粒浆(或 1:0.5:1.5 混合膏石粒浆)<br>c. 1:1.5 水泥小八厘石粒浆(或 1:0.5:2.0 混合膏石粒浆) | <br>0～7<br>5～6<br><br><br>20<br>15<br>10 |
| | 加气混凝土墙基层 | ① 涂刷一遍 1:3～4 聚乙烯醇缩甲醛胶水溶液<br>② 2:1:8 混合砂浆抹底层<br>③ 1:3 水泥砂浆抹中层<br>④ 刮水灰比为 0.37～0.40 水泥浆一遍为结合层<br>⑤ 水泥石粒浆或混合膏石粒浆面层(按使用石粒大小)<br>a. 1:1 水泥大八厘石粒浆(或 1:0.5:1.3 混合膏石粒浆)<br>b. 1:1.25 水泥中八厘石粒浆(或 1:0.5:1.5 混合膏石粒浆)<br>c. 1:1.5 水泥小八厘石粒浆(或 1:0.5:2.0 混合膏石粒浆) | <br>7～9<br>5～7<br><br><br>20<br>15<br>10 |
| 干粘石 | 砖墙基层 | ① 1:3 水泥砂浆抹底层<br>② 1:3 水泥砂浆抹中层<br>③ 刷水灰比为 0.40～0.50 水泥浆一遍为结合层<br>④ 抹水泥:石灰膏:砂子:108胶=100:50:200:(5～15)聚合物水泥砂浆粘结层<br>⑤ 小八厘彩色石粒或中八厘彩色石粒 | 5～7<br>5～7<br>4～5<br>5～6<br>(当采用中八厘石粒时) |
| | 混凝土墙基层 | ① 刮水灰比为 0.37～0.40 水泥浆或洒水泥砂浆<br>② 1:0.5:3 水泥混合砂浆抹底层<br>③ 1:3 水泥砂浆抹中层<br>④ 刷水灰比为 0.40～0.50 水泥浆一遍为结合层<br>⑤ 抹水泥:石灰膏:砂子:108胶=100:50:200:(5～15)聚合物水泥砂浆粘结层<br>⑥ 小八厘彩色石粒或中八厘彩色石粒 | <br>3～7<br>5～6<br>4～5<br>5～6<br>(当采用中八厘石粒时) |
| | 加气混凝土墙基层 | ① 涂刷一遍 1:(3～4)(108胶:水)胶水溶液<br>② 1:0.5:4 水泥混合砂浆抹底层<br>③ 1:0.5:4 水泥混合砂浆抹中层<br>④ 刷水灰比为 0.40～0.50 水泥浆一遍为结合层<br>⑤ 抹水泥:石灰膏:砂子:108胶=100:50:200:(5～15)聚合物水泥砂浆粘结层<br>⑥ 小八厘彩色石粒或中八厘彩色石粒 | 7～9<br>5～7<br>4～5<br>5～6<br>(当采用中八厘石粒时) |

续表

| 种类 | 基层 | 分层做法(体积比) | 厚度(mm) |
|---|---|---|---|
| 斩假石 | 砖墙基层 | ① 1:3 水泥砂浆抹底层<br>② 1:2 水泥砂浆抹中层<br>③ 刮水灰比为 0.37～0.40 水泥浆一遍为结合层<br>④ 1:1.25 水泥石粒(中八厘中掺30%石屑)浆 | 5～7<br>5～7<br><br>10～11 |
| 斩假石 | 混凝土墙基层 | ① 刮水灰比为 0.37～0.40 的水泥浆或洒水泥砂浆<br>② 1:0.5:3 混合砂浆抹底层<br>③ 1:2 水泥砂浆抹中层<br>④ 刮水灰比为 0.37～0.40 的水泥浆一遍为结合层<br>⑤ 1:1.25 水泥石粒(中八厘中掺30%石屑)浆 | <br>0～7<br>5～7<br><br>10～11 |
| 现制水石 | | ① 1:3 水泥砂浆打底<br>② 刮素水泥浆一遍<br>③ 1:1～1:2.5 水泥石粒浆罩面 | 12<br><br>8 |

粒浆，石粒浆稠度以 5～7cm 为宜。石粒应颗粒均匀、坚硬，色泽一致、洁净。抹面层时，应一次成活，随抹随用铁抹子压紧、揉平，但不要把石粒压得过死。每一块方格内应自下而上进行，抹完一块后，用直尺检查其平整度，不平处应及时修补并压实平整。同一平面的面层要求一次完成，不宜留施工缝；如必须留施工缝，应留在分格条的位置上。

(c) 刷洗面层。待面层六至七成干后，即可刷洗面层。冲洗是确保水刷石质量的重要环节之一，冲洗不净会使水刷石表面颜色发暗或明暗不一。

喷刷分两遍进行：第一遍先用软毛刷蘸水刷掉面层水泥浆露出的石碴，第二遍紧跟用手压喷浆机或喷雾器将四周相邻部位喷湿，然后按由上往下的顺序喷水，使石碴露出表面 1/3～1/2 粒径，达到清晰可见、分布均匀即可。

喷水要快慢适度，过快混水浆冲不干净，表面易呈现花斑；过慢则会出现塌坠现象。喷水时，要及时用软毛刷将水吸去，防止石粒脱落。分格缝处也要及时吸去滴挂的浮水，以防止分格缝不干净。门窗、贴脸应先刷底部后刷大面，以保证大面清洁美观。如果水刷石面层过了喷刷时间，开始硬结，要先用 3%～5% 盐酸稀释溶液洗刷，然后再用清水冲净，否则，会将面层腐蚀成黄色斑点。

冲刷时要做好排水工作，不要让水直接顺墙面往下淌。一般是将罩面分成几段，每段都抹上阻水的水泥浆挡水，在水泥浆上粘贴油毡或牛皮纸将水外排，使水不直接往下淌。冲洗大面积墙面时，应采取先罩面先冲洗、后罩面后冲洗的方法。罩面时由上往下，这样既保证上部罩面洗刷方便，也避免下部罩面受到损坏。

喷刷后，随即起出分格条，并用素水泥浆将缝修补平直。

外墙窗台、窗楣、雨篷、阳台、压顶、檐口及突腰线等部位，也与一般抹灰一样，应在上面做流水坡度，下面做滴水槽或滴水线。滴水槽的宽度和深度均不应小于 10mm。

2) 干粘石

(a) 干粘石的基层处理和底层抹灰、中层抹灰与水刷石相同。

(b) 抹粘结层。待中层抹灰六至七成干并经验收合格后，应按设计要求弹线、粘贴分格条（方法同外墙抹灰），然后洒水润湿，刷素水泥浆一道，接着抹水泥砂浆粘结层。粘结层砂浆稠度以 6～8cm 为宜。粘结层施工后用刮尺刮平，要求表面平整、垂直，阴阳角方整。

（c）撒石粒、拍平。粘结层抹完后，待干湿情况适宜时即可手甩石粒，随即用铁抹子将石子均匀地拍入粘结层。甩石粒应遵循"先边角后中间，先上面后下面"的原则，阳角处甩石粒时应两侧同时进行，以避免两边收水不一而出现明显接槎。甩石粒时，用力要平稳有劲，方向应与墙面垂直，使石粒均匀地嵌入粘结砂浆中，然后用铁抹子或胶辊滚压坚实。拍压时，用力要合适，一般以石粒嵌入砂浆的深度不小于粒径的1/2为宜。对于墙面石粒过稀或过密处，一般不宜补甩，应将石粒用抹子（或手）直接补上或适当剔除，然后进行修整。当墙面达到表面平整、石粒饱满时，即可起分格条。对局部有石粒下坠、不均匀、外露尖角太多或表面不平整等不符合质量要求的地方要立即修整、拍平，分格条处应用水泥浆修补，以求表面平整、色泽均匀、线条顺直清晰。

3）斩假石

（a）斩假石在不同基层上的分层做法与水刷石基本相同。所不同的是，斩假石的中层抹灰应用1：2水泥砂浆，面层使用1：1.25的水泥石粒（内掺30%石屑）浆，厚度为10～11mm。

（b）面层抹灰。斩假石的基层处理与一般抹灰相同。基层处理后即抹底层和中层砂浆，底层和中层表面应划毛。待抹灰中层六至七成干后，要浇水润湿中层抹灰，并满刮水灰比为0.37～0.40的素水泥浆一道，然后按设计要求弹线分格、粘贴分格条，继而抹面层水泥石粒浆。

面层石粒浆常用粒径为2mm的白色米粒石，内掺30%粒径为0.3mm左右的白云石屑。面层石粒浆的配比一般为1：(1.25～1.5)，稠度为5～6cm。

面层石粒浆一般分两遍成活，厚度不宜过大，一般为10～11mm。先薄薄地抹一层砂浆，待稍收水后再抹一遍砂浆与分格条平，并用刮子赶平。待第二层收水后，再用木抹子打磨拍实，上下顺势溜直，不得有砂眼、空隙。并要求同一分格区内的水泥石粒浆必须一次抹完。石粒浆抹完后，即用软毛刷蘸水顺纹清扫一遍，刷去表面浮浆至露石均匀。面层完成后不得受烈日曝晒或遭冰冻，24h后应洒水养护。

（c）斩剁面层。在常温下，面层抹好2～3天后，即可试剁。试剁以墙面石粒不掉、容易剁痕、声音清脆为准。斩剁顺序一般遵循"先上后下先左后右，先剁转角和四周边缘、后剁中间墙面"的原则。转角和四周应剁水平纹，中间剁垂直纹，先轻剁一遍，再盖着前一遍的剁纹剁深痕。剁纹深浅要一致，深度一般以不超过石粒粒径的1/3为宜。墙角、柱边的斩剁，宜用锐利的小斧轻剁，以防掉边缺角。斩假石的效果如图3-7所示。

斩剁完成后，墙面应用水冲刷干净，并按要

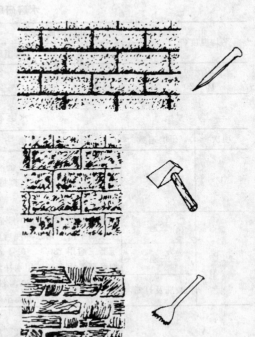

图3-7　斩假石的效果

求修补分格缝。

斩假石的另一种做法是用1:2.5水泥砂浆打底,抹面层灰前先刷水泥浆一道。面层抹灰使用1:2.5水泥白云石屑浆抹8~10mm厚,面层收水后用木抹子搓平,然后用压子压实、压光。水泥终凝后,用抓耙依着靠尺按同一方向抓。这种做法称为"拉斩假石"。

4) 水磨石

(a) 弹线、贴镶嵌条。在中层灰验收合格后,即可在其表面按设计要求和施工段弹出分格线。镶条常用玻璃条,除了按已弹好的底线作为找直的标准外,还需要拉一条上口通线,作为找平的标准。铜嵌条与铝嵌条在镶嵌前应调直,并按每1m打四个小孔,穿上22号钢丝。镶条时先用靠尺板与分格线对齐,压好靠尺,再将镶条紧贴靠尺板,用素水泥浆在另一侧根部抹成八字形灰埂,然后拿去靠尺,再在未抹灰一侧抹上对称的灰埂固定。灰埂高度比镶条顶面低3mm,铝条应涂刷清漆以防水泥腐蚀。

(b) 抹面层石子浆。用1:1~1:1.5的水泥石粒浆罩面,厚度约为8mm。所用石粒的粒径不宜过大,否则不易压平。罩面的施工方法为一般常规做法,即向中层砂浆表面洒水,抹素水泥浆形成1~2mm厚的粘结层,按标高要求弹出地面上口水平线,贴分格条,抹石粒浆,待稍收水后用抹子压实,以压出浆液为度,再用清水刷去浮浆,接着通压一遍,压平石粒尖露出的棱角,最后再用毛刷横扫大面一遍。

(c) 水磨面层、磨光酸洗和打蜡。面层抹完后,经过一定时间,即可进行试磨。试磨时,石碴不松动便可正式打磨面层。水磨石开磨时间与温度有关。水磨研磨时间与温度关系见表3-4,水磨石研磨分层做法见表3-5所示。

水磨研磨时间与温度关系    表3-4

| 平均温度(℃) | 开磨时间(天) | | 平均温度(℃) | 开磨时间(天) | |
| --- | --- | --- | --- | --- | --- |
| | 机械磨 | 人工磨 | | 机械磨 | 人工磨 |
| 20~30 | 2~3 | 1~2 | 5~10 | 4~6 | 2~3 |
| 10~20 | 3~4 | 1.5~2.5 | | | |

水磨石研磨分层做法    表3-5

| 项次 | 研磨遍数 | 研磨方法 | 备注 |
| --- | --- | --- | --- |
| 1 | 一遍 | 磨一遍用60~80号金刚石,粗磨到石子外露,用水清洗稍干后,擦同色水泥浆,养护约2天 | 1. 用1:3水泥砂浆打底<br>2. 刮素水泥浆一道<br>3. 用1:1或1:2.5水泥石粒浆罩面<br>4. 试磨时石子不松动即可开磨 |
| 2 | 二遍 | 磨二遍用100~160号金刚石,洒水后开至表面光滑。用水冲洗后养护2天 | |
| | 三遍 | 磨三遍用180~240号金刚石或油石,洒水细磨至表面光亮。用水冲洗擦干 | |
| | 酸洗及打蜡 | 涂擦草酸,再用280号油石细磨,出白浆为止,冲洗后晾干,待表面干燥发白后进行打蜡 | |

## 3.5 聚合物水泥砂浆装饰抹灰

聚合物水泥砂浆装饰抹灰施工工艺有以下几种:
(1) 聚合物水泥砂浆装饰抹灰施工工艺流程

基层处理→抹底层、中层砂浆→刷底色浆（弹涂步骤）→粘贴胶布分格条→喷涂/滚涂/弹浆两道、修弹一道→罩面。

（2）聚合物水泥砂浆装饰抹灰施工技术要点

1）喷涂

（a）喷涂施工的基层处理、底层抹灰和中层抹灰的操作方法与一般抹灰相同，喷憎水剂罩面与喷砂要求相同。

（b）粘贴分格条：喷涂前，应按设计要求将门窗和不喷涂的部位采取遮挡措施，以防污染。分格缝宽度如无特殊要求，以20mm左右为宜。分格缝做法有两种：一种在分格缝位置上用108胶粘贴胶布条，待喷涂结束后，撕去胶布条即可。另一种不粘贴胶布条，待喷涂结束后，在分格缝位置压紧靠尺，用铁皮刮子沿着靠尺刮去喷上去的砂浆，露出基层即可。分格缝要求位置准确，横平竖直，宽窄一致，无明显接槎痕迹。

（c）喷涂：喷涂分波面喷涂、粒状喷涂和花点喷涂三种。其材料品种、颜色和配合比应符合设计要求。如无特殊要求，一般采用如下两种配比：一种是白水泥∶砂∶108胶＝1∶2∶0.1，再掺入适量的木质素磺酸钙；另一种是普通水泥∶石灰膏∶砂∶108胶＝1∶1∶4∶0.2，再掺入适量的木质素磺酸钙。要求配比正确，颜色均匀，稠度符合要求。

波面喷涂：波面喷涂一般分三遍成活，厚度3～4mm。第一遍使基层变色；第二遍喷至墙面出浆不流为宜；第三遍喷至全部出浆，表面呈均匀波纹状，不挂坠，并且颜色一致。波面喷涂一般采用稠度为13～14cm的砂浆。喷涂时，喷枪应垂直墙面，距离墙面约50cm，挤压式砂浆泵的工作压力为0.1～0.15MPa，空气压缩机的工作压力为0.3～0.5MPa。

粒状喷涂：粒状喷涂采用喷斗分两遍成活，厚度为3～4mm。第一遍满喷，要求满布基层表面并有足够的压色力；第二遍喷涂要求第一遍收水后进行，操作时要开足气门，并快速移动喷斗喷布碎点，以表面布满细碎颗粒、颜色均匀不出浆为准。

粒状喷涂有喷粗点和喷细点两种情况。在喷粗点时，砂浆稠度要稠，气压要小；喷细点时，砂浆要稀，气压要大。操作时，喷斗应与墙面垂直，距离墙面约40cm。

花点喷涂：花点喷涂是在波面喷涂的基础上再喷花点，工艺同粒状喷涂第二遍做法。施工前应根据设计要求先做样板，当花点的粗细、疏密和颜色满足要求后，方可大面积施工。施工时，应随时对照样板调整花点，以保证整个装饰面的花点均匀一致。

2）滚涂

（a）滚涂的面层厚度一般为2～3mm，砂浆配合比为水泥∶砂∶108胶＝1∶（0.5～1）∶0.2，再掺入适量的木质素磺酸钙。砂浆稠度为10～12cm，要求配比正确，搅拌均匀，并要求在使用前必须过筛，以除去砂浆中的粗粒，保证滚涂饰面的质量。

（b）施工前应按设计要求准备不同花纹的辊子若干，常用的有胶辊、多孔聚氨酯辊和多孔泡沫辊等。辊子长一般15～25cm。

（c）滚涂操作时需两人合作，一个人在前面用色浆罩面；另一个人紧跟滚涂，滚子运行要轻缓平稳，直上直下，以保持花纹的均匀一致。滚涂的最后一道应自上而下拉，使滚出的花纹有自然向下的流水坡度。

滚涂的方法分干滚和湿滚两种。

干滚法：要求上下一个来回。再自上而下走一遍，滚的遍数不宜过多，只要表面花纹均匀即可，它施工工效高，花纹较粗。

湿滚法：滚涂时滚子蘸水上墙，注意控制蘸水量，应保持整个滚涂面水量一致，以免造成表面色泽不一致。它花纹较细，但较费工。

干滚涂施工应按分格缝或工作段滚拉成活，不得任意甩槎。施工中如出现翻砂现象，应重新抹一层薄砂浆后滚涂，不得事后修补。滚涂24h后，应喷一遍防水剂（憎水剂），以增强饰面的耐久性能。

3）弹涂

(a) 弹涂操作除刷底色浆和弹浆外，其余均同前。

(b) 刷底色浆。底色浆刷在抹灰的底层或中层上，待基层干燥后先洒水湿润，无明水后，即可刷底色浆。色浆用白色或彩色石英砂、普通水泥或白水泥（有条件时，用彩色水泥），其配比一般为水泥∶砂∶108胶＝1∶(0.15～0.20)∶0.13，并根据设计要求掺入适量的颜料。色浆一般按自上而下、由左到右的顺序施工。要求刷浆均匀，表面不流淌、不挂坠、不漏刷。

(c) 弹浆。待色浆较干后，将调制好的色浆按色彩分别装入弹涂器内。先弹比例多的色浆，后弹另一种色浆。色浆应按设计要求配制，做出样板后方可大面积弹浆。弹涂时应垂直于墙面，与墙面距离保持一致，使弹点大小均匀，颗粒丰满。弹浆分多遍成活而成：第一道弹浆应分多次弹匀，并避免重叠；第二道弹浆在第一道弹浆收水后进行，把第一道弹点不匀及露底处覆盖；最后进行局部修弹。

等弹涂层干燥后，再喷刷一遍防水剂，以提高饰面的耐久性能。

## 课题4　建筑堆塑工艺的基本知识

### 4.1　建筑堆塑工艺概述

堆塑是古建筑装饰的一种。古建筑的装饰以画、雕、塑为主。它是在屋脊、檐口、飞檐和戗角等处用纸筋灰一层层堆起的，具有立体感、栩栩如生的装饰。它在施工前，需要把构思的人物等造型以及衬托的背景画在纸上，然后按此施工。（装饰抹灰工人应了解和懂得堆塑技术。）

### 4.2　建筑堆塑施工准备

(1) 材料：优质石灰膏，粗、细纸筋，麻丝，钢丝或铅丝，$\phi$6钢筋或8号钢丝。
(2) 其他机具、材料与一般抹灰相同。

### 4.3　堆塑施工工艺流程

扎骨架→刮草坯→堆塑细坯→打磨光滑。

### 4.4　施工技术要点

4.4.1　扎骨架

用钢丝或镀锌钢丝配合粗细麻，按图样先扭扎成人物（或飞禽走兽）造型的轮廓，如能用铜丝扭扎则更为理想，因为铜丝不易锈蚀，经历年代更长久，一般30～50年。主骨架用8号钢丝或φ6钢筋及铜丝绑扎，在背脊处应与屋面上事先预埋的钢筋连接。

4.4.2　刮草坯

用纸筋灰堆塑出人物模型。草坯用粗纸筋灰，配合比为块灰5kg，粗纸筋10kg。粗纸筋要用瓦刀斩碎，泡在水里4～6个月，使其化至烂软后捞起与石灰膏拌合，然后放在石勺中用木桩锤至均匀，使其有一定黏性后即可使用。

4.4.3　堆塑细坯

需用细纸筋加工的，纸筋灰按图样（或实像）堆塑。细纸筋灰的加工方法与配合比同前，但细纸筋捞出后需要过滤，以清除其杂质。细纸筋灰中要掺入青煤，掺量以能达到与屋面砖瓦颜色相同为止。青煤因其质轻，需要化好后再用，遇结块要捣成粉末状再用，灰中最好加入牛皮胶。

4.4.4　磨光

使用铁皮或黄杨木加工的板形或条形溜子，把塑造成的人物从上到下压、刮、磨3～4遍，磨到既压实又磨光为止，使塑造的模型表面无痕迹并发亮。

4.4.5　堆塑工程注意事项

（1）堆塑时要用稠一些的纸筋灰一层层堆起，每层厚度大约5～10mm，不要一遍堆得太厚，以免龟裂。如果某部分需要堆厚，堆高，可多堆几遍，以免收缩不均匀，影响下一工序的进行。

（2）纸筋灰的收缩性较大，塑性形变要参照图样或实样按2%的比例放大。

（3）堆塑时最好有2～3个花饰轮流操作，以免等待纸筋灰稍干，造成操作中途停歇。

（4）小型装饰品，为了提高工作效率可在加工厂预制好后进行安装。

（5）堆塑用料各地不同，即使同一地区，用料也不尽一致。近来为了发展旅游事业，各地均在翻修古建筑，为了保持其古色古香，还是采用纸筋灰为宜。

（6）据古建筑装饰老艺人经验介绍，堆塑要把住三关：一是纸筋的配制，一定要捣至本身具有黏性和可塑性方可使用；二是按图精心塑制，切勿操之过急；三是压实磨光，这是关键，花饰愈压实磨光不渗水，经历的年代就愈长，愈坚固。

## 实训课题1　抹灰工艺认识训练

（1）实训内容

1）掌握常用抹灰机具的作用与正确使用的方法（常用抹灰手工工具、专用工具、常用机械）；

2）普通抹灰砂浆（水泥砂浆、石灰砂浆、混合砂浆、麻刀灰、纸筋灰）拌制练习；

3）装饰抹灰（水刷石、彩色水泥、斩假石、水磨石等）拌制练习；

4）特种砂浆（防水砂浆、隔热砂浆、吸声砂浆等）拌制练习。

（2）实训目的和相关要求

1）熟悉常用抹灰机具的工作原理和主要技术性能；

2）掌握常用抹灰机具的使用和日常保养；

3）掌握各种砂浆的拌制。

（3）实训准备

1）施工材料准备：水泥、黄砂、石灰膏、矿物颜料、防水剂、麻刀、纸筋、石渣、膨胀珍珠岩等；

2）施工机具准备：常用抹灰手工工具、专用工具、常用抹灰机具等；

3）实习场地：实训教室（每人约 4m² 操作空间）。

(4) 相关知识和操作要领

1）砂浆在保证强度基础上，必须有良好的和易性。这样砂浆才能涂抹成均匀的薄层，而且与基（体）层粘结牢固；

2）砂浆体积比应做标准斗，重量比应有计量检验合格的磅秤，各种砂浆的配合比很重要；

3）水泥砂浆必须先将水泥与砂干拌均匀后才可加其他材料和水。应在初凝前用完（一般应在 4h 内用完）；

4）有胶料的砂浆，必须事先将胶料溶于水，待砂浆基本均匀时再逐渐加入搅拌筒中，继续搅拌到均匀为止（应延长搅拌时间）。

(5) 评判标准

1）砂浆稠度标准

在工地上是凭经验掌握，在试验室用砂浆稠度测定仪，以沉入度表示稠度，与用水量、骨料粗细有关。

一般手工抹灰沉入度要求：

底层砂浆的沉入度要求 11～12cm；

中层砂浆的沉入度要求 7～8cm；

面层砂浆的沉入度要求 9～10cm（如果面层砂浆含石膏应控制在 9～12cm）。

2）砂浆保水性

砂浆保水性一般用分层度表示，是将搅拌均匀的砂浆装入内径为 150mm、高 300mm 的圆桶内，测定沉入度后，静止 0.5h，令其自由沉降，然后测定距桶底部 1/3 高度的砂浆沉入度，两次结果的差值为分层度值。分层度大的砂浆，说明保水性不良，水分上升，砂及水泥颗粒沉降较多。一般要求分层度为 10～20mm 为宜。因为若分层度为"0"说明保水性很强，但是这种情况往往是胶凝材料用量过多，或者砂过细，致使砂浆干缩量过大，尤其不宜作抹灰砂浆。反之，分层大于 20mm 则说明保水性不好，易产生离析，不便施工，此种现象称为泌水性。

(6) 实训注意事项

1）基本概念讲解时宜先借助多媒体演示，再结合工程实例说明；

2）本课题练习前，学生应具备对常用建筑材料（砂、水泥）物理或化学性能测试能力，并了解相关性能指标对原材料质量的影响；

3）组织教学的教师应注意讲清抹灰机具的技术性能、作用，并始终贯彻讲解与示范结合，并注重个别指导；

4）凡以后需使用机具，应先让学生在教师的指导下操作一次，然后再进行独立操作；

5）拌合好的砂浆可以用仪器测试其稠度和保水性；

6）练习完成后，要做到落手清（把施工现场整理干净）。

## 实训课题 2　抹灰基层处理练习

（1）实训内容

1）缝隙填塞（填缝材料的选用与填塞方法）；

2）砖砌体或砌块砌体基层表面的清理与湿润；

3）混凝土基层表面的清理、凿毛、接浆或界面剂刮批；

4）不同基体交接处加强钢丝网的铺钉。

（2）实训目的和相关要求

1）了解抹灰基层处理前应检查与交接的内容；

2）熟悉界面剂的种类和适用范围；

3）掌握抹灰基层处理的一般技能（填缝、堵砌、清污、加强或接浆处理）；

4）掌握抹灰基层处理的一般技能（界面剂涂刷处理）。

（3）实训准备

1）施工材料准备：水泥、麻刀、黄砂、石灰膏、磨细生石灰粉、细石混凝土、洗洁精、常用界面剂、钢板网、801建筑胶等；

2）施工机具准备：砂浆搅拌机、纸筋灰搅拌机、平锹、筛子（孔径5mm）、手推车、灰桶、灰槽、灰勺、2.5m大杠、1.5m中杠、2m靠尺板、线坠、钢卷尺、方尺、托灰板、铁抹子、木抹子、塑料抹子、八字靠尺、5～7mm厚方口靠尺、阴阳角抹子、钢丝刷、茅草帚、小水桶、喷壶等；

3）实习场地：实训教室（每人约4m²操作空间，同时有已完成的砖砌体、砌块砌体、混凝土墙体等）。

（4）相关知识和操作要领

1）处理前的检查与交接

抹灰工程施工，必须在结构工程或基层质量检验合格并进行工序交接后进行。对其他配合工种项目也必须进行检查，这是确保抹灰工程质量和生产进度的关键。

2）基层的表面处理

墙上的脚手眼、各种管道穿越过的墙洞和楼板洞、剔槽等应用1∶3水泥砂浆填嵌密实或堵砌好。混凝土墙、混凝土梁、砖墙或加气混凝土墙等基层表面的凸凹处，要剔平或用1∶3水泥砂浆分层补齐，模板铁线应剪除。

为了确保抹灰砂浆与基层表面粘结牢固，防止抹灰层空鼓、裂缝、脱落等质量通病，在抹灰前必须把抹灰基层表面的尘土、污垢、油渍等清除干净。

表面干净后对基层表面进行凿毛处理，或者根据面层的类型涂刷界面剂。

（5）评判标准

观察、检查施工记录。

（6）实训注意事项

1）门窗框两边塞灰不严，墙体预埋木砖间距过大或木砖松动，经开关振动将门窗框两边的灰振裂、振空，故应重视门窗框塞缝工作，设专人负责；

2）基层清理不干净或处理不当，墙面浇水不透，抹灰后砂浆中的水分很快被基层

（或底）吸收，影响粘结力，应认真清理和提前浇水，使水渗入砖墙里达 8~10mm 即可达到要求；

3）基层偏差较大，一次抹灰过厚，干缩产生裂缝，应分层找平，每层厚度为 7~9mm；

4）现在基层表面处理大多采用涂刷界面剂的方法来取代凿毛的方法，因此要了解各种界面剂的性能和用途；

5）施工记录要详细，做到每个基层的表面处理项目有记录；

6）练习完成后，要做到落手清（把施工现场整理干净）。

## 实训课题3　墙面做灰饼挂线、冲筋练习

（1）实训内容
1）标准灰饼做法练习；
2）水平线与垂直线的弹设（实测弹线）；
3）横向标筋和竖向标筋练习。

（2）实训目的和相关要求
1）熟悉抹灰工程施工工艺和施工操作要点；
2）掌握标准灰饼制作、冲筋基本操作技能；
3）掌握用水平尺与托线板检查墙面平整度和垂直度。

（3）实训准备
1）施工材料准备：水泥、黄砂、石灰膏等；
2）施工机具准备：铁抹子、木抹子、茅草帚、小水桶、喷壶、托灰板、木杠、钢筋卡子、八字靠尺、托线板和线坠、粉线包、墨斗、砂浆搅拌机、室内抹灰脚手架；
3）实习场地：实训教室（每人约 $4m^2$ 操作空间，内有结构完工尚未粉刷的墙体）。

（4）相关知识和操作要领
1）标志块（灰饼）的厚度根据抹灰层厚度来确定，普通抹灰的厚度一般小于高级抹灰；
2）灰饼大小 5cm 左右见方，按间距 1.2~1.5m 左右，加做若干标志块；
3）作为墙面抹底子灰填平的标准做法是在上下两个标志块中间先抹一层，再抹第二遍凸出成八字形，要比灰饼凸出 1cm 左右；
4）如房间面积较大，应在地面上弹十字中心线，并按墙面基层平整度在地面上弹出墙角（包括墙面）中层抹灰面的基准线、规方。引中心线在距墙角的 100mm 处，用线坠吊直、弹出垂直线，以此线为准弹出墙角中层抹灰厚度线。而后，每隔 1.2~1.5m 做出标准灰饼。所有灰饼厚度应控制在 7~25mm，如果超出这个范围，就应对抹灰基层进行加固处理。房间净空超过 3m，应在上下灰饼之间吊垂线，增加灰饼，间距也以 1.2~1.5m 为宜；
5）水泥砂浆冲筋工序与抹石灰砂浆近似，但抹水泥砂浆不允许使用隔夜筋。用与抹灰层相同砂浆冲筋。一般筋宽为 50mm，对应灰饼可冲横筋也可冲立筋，根据施工操作习惯而定，石灰砂浆可用隔夜筋。

（5）评判标准

观察、检查施工记录。

(6) 实训注意事项

1) 灰饼的厚度一般不小于 7mm，位置在离墙面阴角 10～20cm 处；

2) 室内抹灰脚手架要平稳，踏板要平；

3) 护脚应拌 1∶2 水泥砂浆，高度不小于 2m，每侧宽度不小于 50mm；

4) 冲筋砂浆与大面抹灰砂浆一致，切忌采用高强度等级砂浆；

5) 施工记录要详细，做到每个基层的表面处理项目有记录；

6) 练习完成后，要做到落手清（把施工现场整理干净）。

## 实训课题 4　墙面打底与找平练习

(1) 实训内容

1) 室内墙面底层抹灰操作；

2) 室内墙面中层抹灰操作；

3) 中层抹灰质量自检与合格质量判定。

(2) 实训目的和相关要求

1) 了解底层抹灰和中层抹灰的作用；

2) 掌握室内抹灰脚手架搭设与转移方法；

3) 熟悉底层灰与中层灰先后操作的间隔时间的控制方法；

4) 掌握底层、中层抹灰操作；

5) 能在各种基体上打底糙，并利用标筋将中层灰抹平；

6) 熟悉中层抹灰质量自检与合格质量判定。

(3) 实训准备

1) 施工材料准备：水泥、黄砂、石灰膏等；

2) 施工机具准备：铁抹子、木抹子、茅草帚、小水桶、喷壶、托灰板、木杠、八字靠尺、托线板和线坠、粉线包、墨斗、砂浆搅拌机、室内抹灰脚手架；

3) 实习场地：实训教室（每人约 $4m^2$ 操作空间，内有已完成冲筋粉刷的墙面）。

(4) 相关知识和操作要领

1) 将砂浆抹于墙面两标筋之间，底层要低于标筋，待收水后再进行中层抹灰，其厚度以垫平标筋为准，并使其略高于标筋。

2) 中层砂浆抹后，即用中、短木杠按标筋刮平。墙的阴角，先用方尺上下核对方正，然后用阴角器上下抽动扯平，使室内四角方正。

3) 在一般情况下，标筋抹完就可以装挡刮平。如果筋软，容易将标筋刮坏，产生凸凹现象，也不宜在标筋有强度时再装挡刮平。

(5) 评判标准

中层抹灰质量自检与合格质量判定。

(6) 实训注意事项

1) 当层高小于 3.2m 时，一般先抹下面一步架，然后搭架子再抹上一步架；当层高大 3.2m 时，一般是从上往下抹。如果后做地面、墙裙和踢脚板时，要将墙裙、踢脚板准线上口 5cm 处的砂浆切成直槎，墙面要清理干净，并及时清除落地灰。

2）抹灰工程的质量关键是粘结牢固，无开裂、空鼓与脱落，如果粘结不牢固，出现空鼓开裂、脱落等缺陷，会降低对墙体的保护作用，且影响装饰效果。经研究分析，抹灰层之所以出现开裂、空鼓和脱落等质量问题，其主要原因是基体表面清理不干净；砂浆质量不好，使用不当（稠度和保水性差）；一次抹灰过厚，干缩率较大，或者各层抹灰间隔时间太短；抹灰累积厚度过大，没有必要的加强措施；不同材料基体交接处由于吸水和收缩不一致，接缝处表面的抹灰层容易开裂；冬季抹灰，底层灰受冻，或砂浆在硬化初期受冻。以上现象都是影响抹灰层与基体粘结牢固的因素。

3）施工记录要详细，要进行中层抹灰质量自检与合格质量判定。

4）练习完成后，要做到落手清（把施工现场整理干净）。

## 实训课题 5  内墙普通抹灰练习

（1）实训内容

内墙普通抹灰练习。

（2）实训目的和相关要求

1）了解普通抹灰面层常用的材料及作用；

2）熟悉内墙普通抹灰施工工艺；

3）掌握内墙普通抹灰操作基本技能（涂抹、打毛与压光）。

（3）实训准备

1）施工材料准备：纸筋石灰浆、水泥砂浆、石灰砂浆、混合砂浆等；

2）施工机具准备：铁抹子、木抹子、茅草帚、小水桶、喷壶、托灰板、木杠、八字靠尺、托线板和线坠、粉线包、墨斗、砂浆搅拌机、室内抹灰脚手架等；

3）实习场地：实训教室（每人约 4m$^2$ 操作空间，有已完成打底、找平的墙面）。

（4）相关知识和操作要领

1）抹门窗口套可以随墙面一起打底，在窗口两侧弹垂直线，口的上下弹水平线，检验窗安装的垂直度，并校核上下、左右窗彼此位置是否与设计图相符。

2）抹底灰时，抹子贴紧墙用力均匀，把砂浆挤入砖缝，砂浆与墙面粘结牢固，但是铁抹子不宜在上面多压，用目测控制其平整度。

3）底灰与中间灰抹完后都打毛。

4）水泥砂浆面层灰应待中层灰凝固后进行（一般在抹完中层灰第二天），室内可抹 1∶0.5∶3.5 的混合砂浆，厚度为 5~8mm。先薄薄地刮一层素水泥浆，使其与底灰粘牢，紧跟抹罩面灰与毛刷刷蘸水，上下垂直轻刷一遍，减少收缩裂缝和保持颜色基本一致。

5）石灰砂浆面层，当底灰六七成干时，即可开始抹罩面灰（如底灰过干应浇水湿润），罩面灰应两遍成活，厚度约 2mm，最好两人同时操作，一人先薄薄刮一遍，另一个随即抹平，按先上后下顺序进行再赶光压实，然后用铁抹子压一遍，最后用抹子压光，随后用毛刷蘸水将罩面灰污染处清刷干净。

（5）评判标准

考核项目及评分标准如表 3-6 所示。

考核项目及评分标准　　　　　　　　　　表 3-6

| 序号 | 考核项目 | 检查方法 | 测数(处) | 允许偏差 | 评 分 标 准 | 满分(分) | 得分(分) |
|---|---|---|---|---|---|---|---|
| 1 | 立面垂直 | 尺量 | 5 | 4mm | 超过者,每点扣 2 分 | 10 | |
| 2 | 表面平整 | 靠尺、塞尺 | 5 | 4mm | 超过者,每点扣 2 分 | 10 | |
| 3 | 阴阳角方正 | 角尺 | 3 | 4mm | 超过者,每点扣 3 分 | 10 | |
| 4 | 表面 | 观察 | 任意 | | 不平整,不洁净,每点扣 3 分 | 10 | |
| 5 | 粘结 | 敲击 | 任意 | | 要牢固,有空鼓等每点扣 3 分 | 10 | |
| 6 | 工艺操作规程 | | | | 错误无分,局部有误扣 1~29 分 | 30 | |
| 7 | 安全生产 | | | | 有事故无分,有隐患扣 1~4 分 | 5 | |
| 8 | 文明施工 | | | | 不做落手清扣 5 分 | 5 | |
| 9 | 功效 | | | | 根据项目,按照劳动定额进行。低于定额 90% 本项无分,在 90%~100% 之间酌情扣分,超过定额的酌情加 1~3 分 | 10 | |

(6) 实训注意事项

1) 为了节约材料,练习用抹灰的材料宜用混合砂浆或石灰砂浆;

2) 涂抹、打毛、压光等基本技能练习前,教师须做好示范,并注重加强对学生的个别辅导;

3) 内墙面平整光滑,棱角整齐,横平竖直、通顺;

4) 抹灰层总厚度应符合设计要求,水泥砂浆不得抹在石灰砂浆层上,罩面石灰不得抹在水泥砂浆层上;

5) 施工记录要详细,要进行抹灰工程质量自检与合格质量判定;

6) 练习完成后,要做到落手清(把施工现场整理干净)。

## 实训课题 6　外墙普通抹灰练习

(1) 实训内容

外墙普通抹灰练习。

(2) 实训目的和相关要求

1) 了解外墙普通抹灰面层常用的材料及作用;

2) 掌握分格条的粘贴与起条;

3) 了解大面抹灰设分格线的必要性和分格条常用材料及断面形式;

4) 掌握外墙抹灰操作基本技能(涂抹、打毛与压光)。

(3) 实训准备

1) 施工材料准备:水泥砂浆、石灰砂浆、混合砂浆等;

2) 施工机具准备:铁抹子、木抹子、茅草帚、小水桶、喷壶、分格条、托灰板、木杠、八字靠尺、托线板和线坠、粉线包、墨斗、砂浆搅拌机、室内抹灰脚手架等;

3) 实习场地:实训教室(每人约 4m² 操作空间,有已完成打底、找平的墙面)。

(4) 相关知识和操作要领

1) 找规矩

外墙抹灰找规矩要在四角先挂好自上而下垂直通线（多层及高层房屋应用钢丝线垂下），然后根据大致决定的抹灰厚度，每步架大角两侧最好弹上控制线，再拉水平通线，并弹水平线做标志块，竖向每步架做一个标志块，然后做标筋。

2) 粘贴分格条

应在中层灰六至七成干后，按要求弹出分格线，粘贴分格条。粘贴时，分格条两侧用粘稠水泥浆或水泥砂浆抹成与墙面成八字形。对于当天罩面的分格条，两侧八字形斜角可抹成45°；对于不立即罩面的分格条，两侧八字形斜角应适当陡一些，一般为60°。分格条要求横平竖直，接头平直，四周交接严密，不得有错缝或扭曲现象。分格缝宽窄和深浅应均匀一致。

3) 底灰与中间灰抹完后都打毛。面层灰应待中层灰凝固后进行（一般在抹完中层灰第二天），外墙应根据设计先弹分格线，粘分格条（此条使用前应提前1天在水中浸泡）、粘滴水线，用素水泥掺少量纸筋灰稳住分格条。为防止墙面渗水，可以抹1:2.5水泥砂浆，先薄薄地刮一层素水泥浆，使其与底灰粘牢，紧跟抹罩面灰与毛刷刷蘸水，上下垂直轻刷一遍，减少收缩裂缝和保持颜色基本一致。起分格条、勾缝（分格条是为了减少收缩裂缝）。

4) 外墙抹灰的顺序一般是从下向上打底，面层是由上向下抹。

(5) 评判标准

考核项目及评分标准如表3-7所示。

**考核项目及评分标准**　　　　　　　　　表3-7

| 序号 | 考核项目 | 检查方法 | 测数(处) | 允许偏差 | 评分标准 | 满分(分) | 得分(分) |
|---|---|---|---|---|---|---|---|
| 1 | 立面平整 | 尺量 | 5 | 4mm | 超过者，每点扣2分 | 10 | |
| 2 | 表面垂直 | 靠尺、塞尺 | 5 | 4mm | 超过者，每点扣2分 | 10 | |
| 3 | 阴阳角方正 | 角尺 | 3 | 4mm | 超过者，每点扣3分 | 10 | |
| 4 | 分格条(缝)直线度 | 拉线、尺量 | 3 | 4mm | 超过者，每点扣3分 | 5 | |
| 5 | 粘结 | 敲击 | 任意 | | 牢固、无空鼓。有空鼓超过规范规定者，每点扣3分 | 10 | |
| 6 | 表面 | 观察 | 任意 | | 不平整，不洁净，每点扣3分 | 10 | |
| 7 | 接缝 | 观察 | 任意 | | 宽度和深度不均匀，每点扣3分 | 5 | |
| 8 | 工艺操作规程 | | | | 错误无分，局部有误扣1~19分 | 20 | |
| 9 | 安全生产 | | | | 有事故无分，有隐患扣1~4分 | 5 | |
| 10 | 文明施工 | | | | 不做落手清扣5分 | 5 | |
| 11 | 功效 | | | | 根据项目，按照劳动规定进行。低于定额90%本项无分，在90%~100%之间的酌情扣分，超过定额的酌情加1~3分 | 10 | |

(6) 实训注意事项

1) 为了节约材料,练习用抹灰的材料宜用混合砂浆或石灰砂浆;
2) 涂抹、打毛、压光等基本技能练习前,教师须做好示范,并注重加强对学生的个别辅导;
3) 外墙抹灰大角或窗口部位垂直度要用经纬仪测量,分层拉水平线找规矩,使横竖达到平整,而后贴灰饼、冲筋;
4) 外墙抹灰应进行养护,外墙抹灰在寒冷地区不宜冬期施工;
5) 底灰与基层表面应粘结良好,不得空鼓开裂;
6) 施工记录要详细,要进行抹灰工程质量自检与合格质量判定;
7) 练习完成后,要做到落手清(把施工现场整理干净)。

## 实训课题 7　房间水泥砂浆地面抹灰练习

(1) 实训内容

房间水泥砂浆地面抹灰练习。

(2) 实训目的和相关要求

1) 了解房间水泥砂浆地面抹灰面层常用的材料及作用;
2) 房间水泥砂浆地面抹灰的施工工艺;
3) 掌握水泥砂浆地面抹灰操作基本技能。

(3) 实训准备

1) 施工材料准备:水泥砂浆等;
2) 施工机具准备:铁抹子、木抹子、茅草帚、小水桶、喷壶、木杠、水平尺、滚筒、砂浆搅拌机等;
3) 实习场地:实训教室(每人约 4m² 操作空间,有已完成打底、找平的墙面)。

(4) 相关知识和操作要领

1) 基层处理时先将混凝土楼板上的浮灰落地砂浆都剔凿干净,用钢丝刷干净,如有油污应用掺 10% 的火碱的水洗刷,并及时用清水冲洗干净,并检查标高是否符合要求。
2) 做标筋时先拉线做灰饼间距 1.5m 左右,而后再开始冲筋。
3) 装档。在标筋之间铺水泥砂浆,铺之前首先涂刷一道素水泥浆,随涂刷随铺 1:3~1:4 水泥砂浆、木抹摊平、拍实、木杠刮平、木抹搓毛,并用大杆检查平整度和标高泛水,养护 24h 后弹排砖线,干硬性水泥砂浆以手捏成团、落地开花为准。
4) 地面面层的铺抹方法是在标筋之间铺砂浆,随铺随用木抹子拍实,用短木杠按标筋标高刮平。
5) 水泥地面压光要三遍成活,每遍抹压的时间要掌握适当,以保证工程质量。压光过早或过迟,都会造成地面起砂的质量事故。

(5) 评判标准

考核项目及评分标准如表 3-8 所示。

(6) 实训注意事项

1) 为了节约材料,练习用抹灰的材料宜用混合砂浆或石灰砂浆。

考核项目及评分标准  表3-8

| 序号 | 考核项目 | 检查方法 | 测数(处) | 允许偏差 | 评分标准 | 满分(分) | 得分(分) |
|---|---|---|---|---|---|---|---|
| 1 | 表面垂直 | 靠尺、塞尺 | 5 | 4mm | 超过者,每点扣2分 | 10 | |
| 2 | 接缝平直 | 拉线、量尺 | 5 | 4mm | 超过者,每点扣2分 | 10 | |
| 3 | 表面 | 观察 | 任意 | | 不平整,不洁净,每点扣3分 | 10 | |
| 4 | 接缝 | 观察 | 任意 | | 宽度和深度不均匀,每点扣3分 | 10 | |
| 5 | 粘结 | 敲击 | 任意 | | 要牢固,有空鼓等每点扣3分 | 10 | |
| 6 | 工艺操作规程 | | | | 错误无分,局部有误扣1~29分 | 30 | |
| 7 | 安全生产 | | | | 有事故无分,有隐患扣1~4分 | 5 | |
| 8 | 文明施工 | | | | 不做落手清扣5分 | 5 | |
| 9 | 功效 | | | | 根据项目,按照劳动规定进行。低于定额90%本项无分,在90%~100%之间酌情扣分,超过定额的酌情加1~3分 | 10 | |

2) 涂抹、打毛、压光等基本技能练习前,教师须做好示范,并注重加强对个别学生的辅导。

3) 当水泥砂浆开始初凝时,即人踩上去有脚印但不塌陷,即可开始用铁抹子压第二遍。

4) 面层抹完后,应在常温湿润条件下养护。一般在夏天是24h后养护,春秋季节应在48h后养护,养护时间一般不少于7d。

5) 施工记录要详细,要进行抹灰工程质量自检与合格质量判定。

6) 练习完成后,要做到落手清(把施工现场整理干净)。

## 实训课题8 方柱普通抹灰练习

(1) 实训内容

方柱普通抹灰练习。

(2) 实训目的和相关要求

1) 了解普通抹灰面层常用的材料及作用;

2) 掌握罩面灰操作基本技能(涂抹、打毛与压光)。

(3) 实训准备

1) 施工材料准备:纸筋石灰浆、水泥砂浆、石灰砂浆、混合砂浆等;

2) 施工机具准备:铁抹子、木抹子、茅草帚、小水桶、喷壶、托灰板、木杠、八字靠尺、托线板和线坠、钢筋卡子、砂浆搅拌机、室内抹灰脚手架等;

3) 实习场地:实训教室(每人约4m²操作空间,有已完成打底、找平的独立柱、群柱)。

(4) 相关知识和操作要领

1) 独立柱

依据柱身轴线在地面上弹横纵轴线,按图纸建筑尺寸(即抹完灰的外皮尺寸)套方,弹线放到地面上,而后吊柱的四角是否有凸凹和移位,经基层处理之后贴柱四角的灰饼。如柱高超过3m,中间增加灰饼。

2) 群柱

用独立柱找规矩的方法以群柱的两端柱为标准柱,而后拉水平通线做中间柱的灰饼,用方尺套做两侧灰饼,再重复独立柱的方法补做上下灰饼和中间灰饼。

3) 方柱抹基层水泥砂浆

首先根据灰饼冲筋用1:3水泥砂浆打底,方柱先在侧面角上卡八字尺,放出底灰厚度吊直抹底层灰(如果柱子宽,就先做角)而后抹另一面。

4) 抹方柱线角

在基层灰五六成干(即手按无印)开始抹线角,如果是一二道线的简单灰线就一次抹完,复杂的应分层多次抹成。一般采用活模扯成。先用抹子按线角的宽度分层抹到基本成型,而后用活模扯角。操作方法是将活模一头紧贴在固定好的靠尺上,双手握住活模挤出线条来。

(5) 评判标准

考核项目及评分标准如表3-9所示。

考核项目及评分标准　　　　　　　　　　　表3-9

| 序号 | 考核项目 | 检查方法 | 测数(处) | 允许偏差 | 评分标准 | 满分(分) | 得分(分) |
|---|---|---|---|---|---|---|---|
| 1 | 立面垂直 | 尺量 | 5 | 4mm | 超过者,每点扣2分 | 10 | |
| 2 | 表面平整 | 靠尺、塞尺 | 5 | 4mm | 超过者,每点扣2分 | 10 | |
| 3 | 阳角方正 | 角尺 | 3 | 4mm | 超过者,每点扣3分 | 10 | |
| 4 | 表面 | 观察 | 任意 | | 不平整、不洁净,每点扣3分 | 10 | |
| 5 | 尺寸 | 尺量 | 3 | 3mm | 超过者,每点扣2分 | 10 | |
| 6 | 线角 | 观察 | 任意 | | 缺棱角、掉角,不清晰,每点扣2分 | 10 | |
| 7 | 粘结 | 敲击 | 任意 | | 牢固、无空鼓。有空鼓,每点扣3分 | 10 | |
| 8 | 工艺操作规程 | | | | 错误无分,局部有误扣1~9分 | 10 | |
| 9 | 安全生产 | | | | 有事故无分,有隐患扣1~4分 | 5 | |
| 10 | 文明施工 | | | | 不做落手清扣5分 | 5 | |
| 11 | 功效 | | | | 根据项目,按照劳动定额进行。低于定额90%本项无分,在90%~100%之间酌情扣分,超过定额的酌情加1~3分 | 10 | |

(6) 实训注意事项

1) 为了节约材料,练习用抹灰的材料宜用混合砂浆或石灰砂浆。

2) 涂抹、打毛、压光等基本技能练习前,教师须做好示范,并注重加强对学生的个别辅导。

3) 灰缝棱角清晰,线通顺光滑,阴、阳角方正,无空鼓、裂缝,不显接槎。

4) 操作时应注意用力均匀,架子要平稳,手要用力向上托,脚步平稳。灰线扯好后应及时用压子和铁皮修补,使通顺光洁符合要求。

5) 施工记录要详细,要进行抹灰工程质量自检与合格质量判定。
6) 练习完成后,要做到落手清(把施工现场整理干净)。

## 实训课题 9　装饰抹灰(水刷石)练习

(1) 实训内容

砂浆类装饰抹灰(水刷石)操作练习。

(2) 实训目的和相关要求

1) 了解装饰抹灰与一般抹灰的区别;
2) 熟悉装饰抹灰(水刷石)材料种类及基本效果;
3) 掌握装饰抹灰(水刷石)施工工艺;
4) 掌握装饰抹灰(水刷石)操作技能。

(3) 实训准备

1) 施工材料准备:纸筋石灰浆、水泥砂浆、石灰砂浆、混合砂浆、水泥白云石屑浆、石粒浆、水泥质胶粘剂等;

2) 施工机具准备:铁抹子、木抹子、茅草帚、小水桶、喷壶、托灰板、木杠、八字靠尺、托线板和线坠、钢筋卡子、手压喷浆机或喷雾器、软毛刷、砂浆搅拌机等;

3) 实习场地:实训教室(每人约 4m² 操作空间,有已完成打底、找平的墙面)。

(4) 相关知识和操作要领

1) 吊垂直,若是高层直线,外墙大角或窗口部位用经纬仪打垂直线,分层拉水平线找规矩,使横竖达到平整,而后贴灰饼、冲筋。

2) 凸出部位剔凿,但不得损伤钢筋。凹部位垫灰应待基层处理后分层垫,但总厚度不得超出 35mm,如超出应作加强处理,经隐蔽验收后再抹灰。

3) 基层处理:"毛化"之后,或随刷界面剂随即抹灰,常温打底,第一遍 1∶1∶6 (混合砂浆),或者是先刮一道掺 3%～5%的 108 胶的素水泥浆,紧随抹 6mm 厚 1∶0.5∶3 混合砂浆。第二遍在底灰上刮一道掺 3%～5%的 108 胶的素水泥浆,紧随抹 8mm 厚 1∶1.5 水泥石渣灰(选用小八厘),或抹 10mm 厚 1∶1.25 水泥石渣灰(中八厘)罩面(由于各地区的气温与湿度不同又有自己的习惯配合比,所以配合比可调整)。

4) 第一遍灰与第二遍灰之间有弹线、贴分格条和滴水线一道工序,该分格条应按设计图进行。分格条要求贴平与面层灰一样平,而且要方正、横平竖直,各类接头都要交圈对口。滴水线按规范和图纸位置贴,也要平直。

5) 面层石渣灰(即第二遍灰)抹完稍吸水之后,用铁抹子将露出的石渣轻轻拍平,然后用毛刷蘸水刷去表面浮浆,拍平压光,如此反复进行 3～4 遍,待石渣大面朝外,表面排列均匀,待面层开始初凝,手按无痕,用毛刷刷不掉石粒,即可用毛刷刷去石渣面的浮浆。

6) 在刷浮浆随后即水压泵从上至下冲洗,喷头和压力应视冲洗状况调整,以露出石渣不损伤结合的水泥浆为准。最后用小水壶浇水将石渣表面冲净,待墙面水分收干后,起出分格条及时用水泥勾缝。

(5) 评判标准

水刷石饰面的允许偏差如表 3-10 所示。

水刷石饰面的允许偏差　　　　　　表 3-10

| 项次 | 项　目 | 允许偏差(mm) | 检 验 方 法 |
|---|---|---|---|
| 1 | 立面垂直 | 5 | 用 2m 托线板检查 |
| 2 | 表面平整 | 3 | 用 2m 靠尺和楔形塞尺检查 |
| 3 | 阴、阳角垂直 | 3 | 用 2m 托线板检查 |
| 4 | 阴、阳角方正 | 3 | 用 20cm 方尺和楔形塞尺检查 |
| 5 | 墙裙、勒脚上口平直 | 3 | 拉 5m 小线和尺量检查 |
| 6 | 分格条平直 | 3 | 拉 5m 小线和尺量检查 |

(6) 实训注意事项
1) 掌握好砂浆的初凝时间，控制好面层的干湿度。
2) 如果有缺石渣的现象，应及时补进。
3) 浇水时要检查墙面有无渗漏，如发现渗漏待修补后再浇水，直到无渗漏为止。
4) 涂抹、打毛、压光等基本技能练习前，教师须做好示范，并注重加强对学生的个别辅导。
5) 分格条设置要根据要求设置，粘结牢靠。
6) 操作时应注意用力均匀，架子要平稳，手要用力向上托，脚步平稳。灰线扯好后应及时用压子和铁皮修补，使通顺光洁符合要求。
7) 施工记录要详细，要进行装饰抹灰工程质量自检与合格质量判定。
8) 练习完成后，要做到落手清（把施工现场整理干净）。

## 实训课题 10　装饰抹灰（拉毛）练习

(1) 实训内容
石粒装饰抹灰（拉毛）操作练习。
(2) 实训目的和相关要求
1) 了解装饰抹灰与一般抹灰的区别；
2) 熟悉装饰抹灰（拉毛）材料种类及基本效果；
3) 掌握装饰抹灰（拉毛）施工工艺；
4) 掌握装饰抹灰（拉毛）操作技能。
(3) 实训准备
1) 施工材料准备：纸筋石灰浆、水泥砂浆、石灰砂浆、混合砂浆、水泥白云石屑浆、石粒浆、水泥质胶粘剂等；
2) 施工机具准备：拉毛工具（棕刷子、铁抹子或麻刷子等）、拉条灰模具、钢皮抹子、大铲、水平尺、钢卷尺、电钻、手压喷浆机或喷雾器、软毛刷、混凝土搅拌机等；
3) 实习场地：实训教室（每人约 4m² 操作空间，有已完成打底、找平的墙面）。
(4) 相关知识和操作要领
1) 拉毛装饰灰是在水泥砂浆或水泥混合砂浆的底、中层抹灰完成后在其上再涂抹水泥混合砂浆或纸筋石灰浆，用抹子或硬毛鬃刷等工具将砂浆拉出波纹或突起的毛头而做成装饰面层。适用于有音响要求和礼堂、影剧院等室内墙面，也常用于外墙面。

2）拉毛灰的基体处理与一般抹灰相同，其底层与中层抹灰要根据基体的不同及罩面拉毛灰的不同而采用不同的砂浆。如纸筋石灰罩面拉毛，其底、中层抹灰使用1：0.5：4的混合砂浆，各层厚度均7mm左右，其纸筋石灰面层厚度由拉毛长度决定，一般为4～20mm。石灰砂浆拉毛的底、中层抹灰一般采用1：3水泥砂浆或1：1：6水泥砂浆。条形拉毛的底、中层抹灰采用1：1：6混合砂浆，面层使用1：0.5：1的混合砂浆。

3）拉毛处理的干湿度把握很重要，水灰比也很重要。

4）拉毛灰的大小要根据设计要求，达到装饰效果。

（5）评判标准

观察、检查施工记录，装饰抹灰工程质量验收标准。

（6）实训注意事项

1）涂抹、拉毛等操作基本技能练习前，教师须做好示范，并注重加强对学生的个别辅导；

2）掌握好砂浆的初凝时间，控制好面层的干湿度；

3）分格条设置要根据要求设置，粘结牢靠；

4）拉毛的大小要符合设计要求，达到装饰效果；

5）施工记录要详细，要进行抹灰工程质量自检与合格质量判定；

6）练习完成后，要做到落手清（把施工现场整理干净）。

## 实训课题11　装饰抹灰（斩假石）练习

（1）实训内容

石粒装饰抹灰（斩假石）操作练习。

（2）实训目的和相关要求

1）了解装饰抹灰与一般抹灰的区别；

2）熟悉（斩假石）材料种类及基本效果；

3）掌握各种（斩假石）施工工艺；

4）掌握各种（斩假石）操作技能。

（3）实训准备

1）施工材料准备：水泥石粒浆、石渣、水泥砂浆、水泥质胶粘剂、混凝土等；

2）施工机具准备：木抹子、大铲、水平尺、钢卷尺、电钻、墨线、斩假石专用工具（斧头、花锤、多刃斧、扁凿等）、混凝土搅拌机、砌筑和勾缝工具、磅秤、铁板、孔径5mm筛子、手推车、大桶、小水桶、喷壶等；

3）实习场地：实训教室（每人约4m²操作空间，有已完成打底、找平的墙面）。

（4）相关知识和操作要领

1）做斩假石前首先要办好结构验收手续，少数工种（水、通风、设备安装等）应做在前面，水、电源齐备。

2）做台阶、门窗套时要把门窗框立好并固定牢靠，把框的结构面提前浇水湿润，先刷一道掺用水量10%的108胶的水泥素浆，紧跟着按事先冲好的筋分层分遍抹1：3水泥砂浆，第一遍厚度宜为5mm，抹后用笤帚扫毛，待第一遍六至七成干时即可抹第二遍，厚度约6～8mm并与筋抹平，用抹子压实、刮杠、找平、搓毛，墙面阴阳角要垂直方正，终凝后浇水养护。台阶底层要根据踏步的宽和高垫好靠尺抹水泥砂浆，抹平压实，每步的宽和高要符合图纸的要求，台阶面向外坡1%。

3) 做斩假石时的干湿度很重要，要掌握好时间，斩得的纹理也要根据设计图纸的要求。

(5) 评判标准

斩假石的允许偏差如表3-11所示。

斩假石的允许偏差　　　　　　　　　　　　表3-11

| 项次 | 项　目 | 允许偏差(mm) | 检验方法 |
| --- | --- | --- | --- |
| 1 | 立面垂直 | 4 | 用2m托线板检查 |
| 2 | 表面平整 | 3 | 用2m靠尺和楔形塞尺检查 |
| 3 | 阴、阳角垂直 | 3 | 用2m托线板检查 |
| 4 | 阴、阳角方正 | 3 | 用方尺和楔形塞尺检查 |
| 5 | 墙裙、勒脚上口平直 | 3 | 拉5m小线和尺量检查 |
| 6 | 分格条平直 | 3 | 拉5m小线和尺量检查 |

1) 保证项目

应待其解冻后再抹灰。

(a) 斩假石所用材料的品种、质量、颜色、图案，必须符合设计要求和现行标准的规定。

(b) 各抹灰层之间及抹灰层与基体之间必须粘结牢固，无脱层、空鼓和裂缝等缺陷。

2) 基本项目

(a) 表面剁纹均匀顺直，深浅一致、颜色一致，无漏剁处，阳角处横剁或留出不剁的边应宽窄一致，棱角无损坏。

(b) 分格缝宽度和深度均匀一致，条（缝）平整光滑，棱角整齐，横平竖直通顺。

(c) 滴水线（槽）流水坡向正确，滴水线顺直均不小于10mm，整齐一致。

(6) 实训注意事项

1) 在进行室外斩假石时应保持正温，不宜冬期施工；

2) 斩假石所用材料的品种、质量、颜色、图案，必须符合设计要求和现行标准的规定；

3) 各抹灰层之间及抹灰层与基体之间必须粘结牢固，无脱层、空鼓和裂缝等缺陷；

4) 表面剁纹均匀顺直，深浅一致、颜色一致，无漏剁处，阳角处横剁或留出不剁的边应宽窄一致，棱角无损坏；

5) 分格缝宽度和深度均匀一致，条（缝）平整光滑，棱角整齐，横平竖直通顺；

6) 滴水线（槽）流水坡向正确，滴水线顺直均不小于10mm，整齐一致；

7) 施工记录要详细，要进行装饰抹灰工程质量自检与合格质量判定；

8) 练习完成后，要做到落手清（把施工现场整理干净）。

## 思 考 题

1. 抹灰饰面分为几类？它由哪几层组成？
2. 抹灰工程的施工准备工作有哪些？
3. 内墙抹灰、顶棚抹灰、外墙抹灰的施工工艺有哪些？
4. 砂浆类装饰抹灰主要有哪些？它们分别有怎样区别？
5. 石粒类装饰抹灰主要有哪些？它们的施工工艺和技术要点如何把握？

# 单元 4　填充隔墙砌筑施工工艺

**单元提要**

本单元主要介绍填充墙砌筑施工工艺。填充墙一般用于钢筋混凝土框架结构中，由钢筋混凝土框架起承重作用，填充墙不起承重作用，主要是起围护分隔作用。砌筑填充墙看上去不是镶贴与安装工程的内容，但作为其前期施工内容，是不可缺少的内容，也是镶贴工应该掌握的基本技能。填充墙有外墙和内墙之分，要求是重量轻、隔声、隔热、保温好。

本单元详细叙述轻骨料小型混凝土空心砌块、黏土空心砖、硅酸盐砌块、蒸压加气混凝土砌块的施工工艺及相关施工技术要点。

## 课题 1　施工准备及常见质量问题

### 1.1　施工准备

**1.1.1　材料与工具准备**

（1）砌体所用材料品种、规格应符合设计要求，同时产品应有出厂合格证和性能检测报告，其中砖块材、水泥、钢筋、外加剂有材料进场的复验报告。拉结钢筋、预埋件、木砖等应提前做好防腐处理。

（2）主要工具：应备有搅拌机（或购买商品砂浆）、运输车、磅秤、胶皮管、筛子、铁锹、灰桶、喷水壶、拖线板、小线、线坠、砖夹子、大铲、刨锛等（磅秤的计量检验合格）。

**1.1.2　施工作业条件**

施工作业条件应符合以下几个要点：

1）主体架构已施工完毕并经质量主管部门验收合格。

2）已放出墙体位置线、门窗洞口线，并经复核和质量检查人员预检认可。

3）立皮数杆或者在墙体两端的结构柱上标注必要的砖层，注明门窗洞口的标高、过梁、拉筋、圈梁以及木砖等埋设件的标高尺寸。应在墙两端和砖角处都设置，并注意相互间报告一致。

4）抗震设防墙拉筋布置、连接、检查验收合格。

5）常温天气在砌筑的前两天将砖浇水湿润（水量不要大），冬期砌筑前应清除表面冰霜。

6）给试验室报送现场材料样品，填砂浆试配申请表，由试验室确定配合比，现场准备砂浆试模。

### 1.2　施工常见质量问题

**1.2.1　施工中常出现的质量问题**

（1）从地震危害调查看到不少多层砖混结构建筑，由于砌体的转角处和交接处接槎不良,而导致外墙甩出和砌体倒塌。所以必须重视转角处和交接处同时砌筑或按规范留槎,还要重视填充墙的抗震加固。

(2) 预留洞与脚手眼的补砌都会削弱墙体的整体性和隔声、保温功能,所以应予以重视,按图留洞,不得砌后剔凿和必须补砌严实。补砌方法是补砖凿光,在砖上涂满砂浆,再塞入眼内,若光塞砖后填浆,硬化后不能补砌严实。

(3) 外墙砌筑或堵洞必须与原用砖的材质保持统一,否则易引起外墙抹灰的裂缝,而且不利于节能。

(4) 外墙水平方向突出的线脚或外墙砌体的突出部分砂浆必须饱满、严密,抹灰时应采取坡度泛水、滴水等防水措施,以防向墙体内渗水,冬期冻融。滴水有鹰嘴、滴水槽两种。外墙腰线、窗套、女儿墙泛水槽上口、压顶等一般采用鹰嘴。雨篷、楼梯板底部一般采用滴水槽做法。

(5) 砌筑时应保持墙面的平整,预防局部抹灰过厚,引起空鼓开裂。扫灰过后应分层抹灰或加钢丝网片,否则收缩力过大,产生与基层不粘结(冷鼓),进一步发展产生开裂,形成抹灰层裂缝。

1) 轻骨料混凝土空心砖砌块孔型及使用部位,每排孔间的肋应错开,以免产生热桥。砌块应封底(盲孔),砌筑时底部向上,以便坐浆和浇筑混凝土配筋带。轻骨料混凝土空心砖砌体图如图4-1所示。

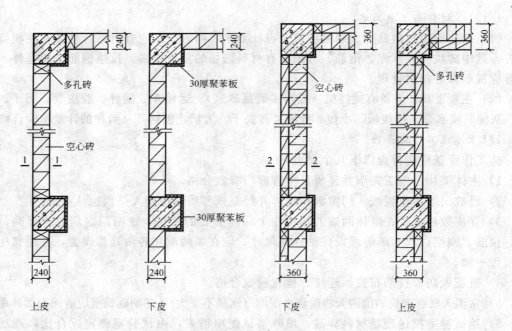

图4-1 轻骨料混凝土空心砖砌体(单位:mm)

2) 空心砖填充墙砌体,砖平卧,上下层错缝,不允许有通缝,在转角门窗洞口等部位与多孔砖匹配砌筑,严禁空心砖打成半砖或七分头使用。黏土空心砖砌体图如图4-2所示。

3) 蒸压加气混凝土砌块,墙体在建筑设计中应进行排块设计。砌筑时应上下错缝,

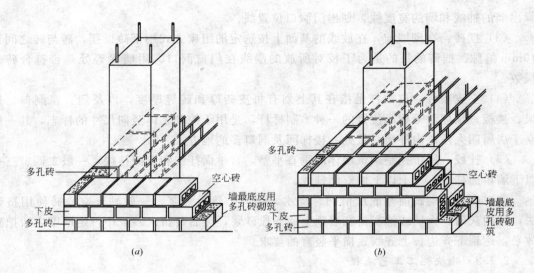

图 4-2 黏土空心砖砌体图
(a) 全包柱 240 空心砖墙转角砌筑示图；(b) 全包柱 360 空心砖墙转角砌筑示图

注：1. 墙体砌筑时空心砖孔应水平方向放置，多孔砖孔应垂直方向放置；
2. 墙最底皮及转角处用多孔砖砌筑。

搭接长度应是砌块长度的 1/3。蒸压加气混凝土砌块图如图 4-3 所示。

（6）对于小砌块砌体裂缝常有发生，对裂缝问题应按下列两种情况进行验收：

1）对有可能影响结构安全性的裂缝，应由有资质的检测单位进行检测鉴定，需返修或加固处理的，待返修或加固处理满足使用要求后，进行二次验收；

2）对不影响结构安全性的砌体裂缝，应予以验收，对明显影响使用功能和观感质量的裂缝，应进行处理。

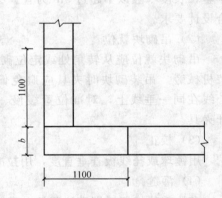

图 4-3 蒸压加气混凝土砌块（单位：mm）

# 课题 2 填充墙体砌筑施工工艺流程及技术要点

## 2.1 填充墙施工工艺流程

施工准备→摆砖→搅拌砂浆→砌空心砖→验收。

### 2.1.1 空心砖砌体施工工艺流程

抄平→放线→摆砖→立皮数杆→挂线→砌砖→勾缝等工序。

（1）抄平：砌墙前应在基础防潮层或楼面上定出各层标高，用砂浆或混凝土找平，各段砖墙底部标高符合设计要求。

（2）放线：根据龙门板上给定的轴线及图纸上标注的墙体尺寸，在基础顶面上用墨线弹出墙的轴线和墙的宽度线，划出门洞口位置线。

（3）摆砖：在砌墙前，在放线的基面上按选定的组砌方式用干砖试摆，砖与砖之间留10mm缝隙。摆砖的目的是为了校对所放的墨线在门窗洞口、附墙垛等处是否符合砖的模数。

（4）立皮数杆：皮数杆是指在其上划有每皮砖厚和砖缝厚度，以及门、窗洞口、过梁、楼板、预埋件等标高位置的一种木制标杆，是用于控制砌体竖向尺寸的标志，其一般立于房屋四大角、内外墙交接处、楼梯间及洞口多的地方。

（5）挂线：用于控制砌筑墙体的垂直平整，有单面挂线和双面挂线，一般二四、三七以下墙单面挂线，三七以上墙双面挂线。

（6）砌砖：砌砖前基底应清扫、浇水、湿润，然后铺浆。一般黏土空心砖使用挤浆法，即用灰勺、大铲或铺灰器在墙顶上铺一段砂浆，然后砖挤入砂浆中一定厚度之后把砖放平，达到下齐边、上齐线、横平竖直的要求。

2.1.2 砌块施工工艺流程

铺灰→吊砌块就位→校正→灌缝和镶砖。

（1）铺灰

砌块墙体所采用的砂浆应具有良好的和易性，砂浆稠度采用60～80mm，铺灰应均匀平整，长度一般以不超过5m为宜。冬季和夏季的铺灰应符合设计要求。灰缝的厚度应符合设计要求。

（2）吊砌块就位

吊砌块就位应从转角处或定位砌块处开始，应按照砌块排列图将所需砌块集中到吊装机械旁。吊装砌块时夹具应避免偏心。砌块就位时，应使夹具中心尽可能与墙身中心线在同一垂线上，对准位置缓慢、平稳地落在砂浆层上，待砌块安放稳当后方可松开夹具。

（3）校正

用锤球或托线板查垂直度，用拉准线的方法检查水平度。

（4）灌缝

砌块就位校正后即灌注竖缝，灌竖缝时，在竖缝两侧夹住砌块，用砂浆或细石混凝土进行灌缝，用竹片或捣杆捣密实。当砂浆或细石混凝土稍收水后，即将竖缝和水平缝勒齐。

（5）镶砖

是为了错缝、平砌、对称分散布置，转角、纵横墙交接处、门口不宜镶砖。此后，砌块一般不准撬动，以防止破坏砂浆的粘结力。

## 2.2 填充墙体砌筑施工技术要点

2.2.1 小型混凝土空心砌块墙体砌筑的技术要点

（1）砌筑用的小型混凝土空心砌块一般不宜浇水，因为浇水后又可能造成在砌筑过程中的"走浆"现象和墙体干燥后因收缩开裂。

（2）不得使用龄期不满28d的小型混凝土空心砌块进行砌筑，以保证砌体能按期达到应有的强度指标。否则易在窗台中部产生竖向裂缝，原因是收缩力差异大，造成抹灰裂缝。

（3）选用小型混凝土空心砌块的规格时，应尽量采用主规格。砌筑时应注意清除小型混凝土空心砌块表面的污物和砌块底面的毛边，以免灌制芯柱时，混凝土产生"缩颈"现象。

（4）要从转角或定位处开始，内外墙同时砌筑，且纵横墙要交错搭接。砌筑墙角的每一皮小型混凝土空心砌块，都要用1200mm专用水平尺检查是否横平（墙角处检查水平如图4-4所示）、竖直（墙角处检查竖直，如图4-5所示）和墙面每块小型混凝土空心砌块是否在一个平面内。砌筑中要坚持采用皮数杆确定每皮小型混凝土空心砌块的顶部位置。对角检查水平间距如图4-6所示。同时用1200mm标准水平尺检查砌块的水平间距，每砌一步架用立线引申，立线、水平线与线坠应"三线归一"。砌筑砌块如图4-7所示。

图4-4 墙角处检查水平

图4-5 墙角处检查竖直

图4-6 对角检查水平间距

图4-7 砌筑砌块

（5）砌体的临时间断处，应砌成斜槎，长度不应小于高度的2/3。如遇留斜槎有困难时，除转角处及抗震设防区建筑的临时间断处外，也可砌成直槎，但必须采用拉结网片或其他措施，以保证连接牢靠。

轻骨料混凝土小型空心砌块孔型及使用部位如图4-8所示。

立面布置：底部应至少砌三皮实心砖，门窗口两侧一砖长范围内砌实心砖，梁、板底侧立斜砌一道实心砖。

1）过河砖作用：隔潮挡水；便于地面、踢脚线工程做法，保障耐久性及使用功能。

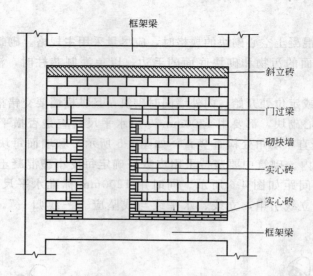

图 4-8 轻骨料混凝土小型空心砌块孔型及使用部位

2) 门窗口做法作用：便于门窗固定，牢固，木门利于下木砖。

3) 梁、板底斜立砖：保证框架受力合理，避免反立。

其施工做法为：轻骨料砌块砌筑完成 7d 后，补砌斜立砖，砂浆塞严堵实。原因是待墙体凝结硬化稳定后，补砌挤严填实，墙体不透亮光为合格；如立即补砌斜砖，硬化后墙体透光漏缝，抹灰产生空鼓裂缝。

(6) 砌筑闭合小型混凝土空心砌块时，要检查墙上留下的缺口长度，使接缝不太紧或太松。放置闭合砌块的缺口，每个边上都应抹浆，然后仔细地将小型混凝土空心砌块嵌放下去。如果砂浆掉落而使灰缝出现空隙时，必须将小型混凝土空心砌块搬开，重新抹浆砌放，不允许闭合小型混凝土空心砌块存在瞎子缝（即无砂浆的空缝）。同时要注意闭合小型混凝土空心砌块在整个墙面上，应错开布置。

(7) 砌筑小型混凝土空心砌块时还应遵守小型混凝土空心砌块必须孔肋相对、错缝搭砌和小型混凝土空心砌块采用"反砌"的规定（即将壁和肋较大的面朝上，盲孔砌块不通的底面朝上），以增加灰浆的支承面。

(8) 用混凝土小型空心砌块砌筑的砌体，按照规范的要求，其允许偏差和外观质量应符合相关规定。

2.2.2 黏土空心墙体砌筑施工技术要点

(1) 切实保证空心砖砌筑时水平灰浆缝的饱满度，饱满度不得低于 80%。竖缝应采用挤浆和加浆法，使竖缝灰浆饱满，不应出现透明缝。水平灰缝和竖灰缝厚度一般为 10mm，不小于 8mm，也不大于 12mm。

(2) 黏土空心砖墙的转角处、交接处应同时砌筑，不得间断，如必须间断，应在间断处留斜槎，斜槎长度根据砖型确定。

(3) 墙较高时，应在墙中加砌三皮实心砖带或设 2～3 根 $\phi 6$ 的钢筋通长拉接条。

(4) 空心砖墙的底部三皮及门洞口两侧一砖范围及外墙勒脚部分应用实心砖砌筑。

(5) 砌筑质量要求：横平竖直，砂浆饱满，厚薄均匀，上下错缝，内外搭砌，接槎牢固。

(6) 空心砖砌筑前应用干砖试摆，在不够整砖处，可用半砖或普通黏土砖补砌。

### 2.2.3 硅酸盐砌块墙体砌筑施工技术要点

(1) 常温施工时，砌块应提前浇水润湿，润湿程度以砌块表面呈现水影为准。在冬期施工，砌块不得浇水润湿。雨期施工时，应采取防雨、排水措施，不得使用过湿的砌块。

(2) 硅酸盐砌块砌筑前，应清除砌块表面的污物、浮灰和黏土，并对砌块作外观检查；如果是空心砌块，对还没有翻身的砌块要全部翻身（砌筑时封底在上、开口端向下）。

(3) 砌块砌筑时，应按砌块排列图，从转角处或定位砌块处开始，依次施工。内外墙应同时砌筑，相邻施工段之间或临时间断处的高差不应超过一个楼层，并应留阶梯形斜槎。附墙垛和墙体同时交错搭接。砌筑时，宜采用无榫法操作，即将砌块直接放在平铺的砂浆上；当采用退榫法砌筑时，砌块就位时的榫面不得高出砂浆表面，内外墙面的榫孔不得贯通。

(4) 砌筑砂浆应随拌随用，不得使用隔夜砂浆。砂浆或细石混凝土铺筑应平坦，铺灰长度不宜过长，一般不超过3～5m，如铺筑好的水平灰缝砂浆在砌筑前已失水、干硬，应刮去重铺。砌体中，每种强度等级的砂浆或细石混凝土至少制作一组试块（每组3个试块）。如砂浆或细石混凝土强度变更时，也应制作试块以备检查。

硅酸盐砌块安装就位时，起吊砌块应避免偏心，尽可能使砌块的底面能水平下落；同时，可用手扶砌块、对准位置、缓慢下落，以避免冲击。砌块砌筑应做到横平竖直，砌体表面平整清洁、砂浆饱满、灌浆密实。

(5) 每个楼层砌筑完成后，均应复核标高。如有误差，及时找平校正。砌块砌筑应该吊一皮校正一皮，皮皮拉麻线控制砌块标高和墙面平整度；垂直度可用托线板挂直控制。当砌块就位后发现略有偏差时，可采用人力推砌块，用瓦刀或小撬棒轻微撬动砌块，以及用木槌敲击砌块顶面偏高处等方法进行校正。校正时，不得在灰缝内塞进石子、碎片，也不得强烈振动砌块和墙体。

(6) 砌块就位并经校正平直、灌竖直缝后，应随即进行水平和垂直缝的勒缝（原浆勾缝），勒缝深度一般为3～5mm。垂直缝灌注后的砌块不得碰撞和撬动，如发生移动，应重新铺砌。

(7) 镶砖应平砌。当某一楼层高度处需镶砖时，镶砌的最后一皮砖和安置在搁栅、楼板等构件下的砖层，须用整砖以顶砖方式镶砌。粉刷前，应将墙面上的孔洞和砌块缺损部位镶嵌、修补密实，灰缝应修补平整；墙面底层要刮糙，浇水润湿。墙面底层刮糙层和面层抹灰的总厚度宜控制在15～20mm之间。

(8) 硅酸盐砌块每天砌筑高度不应超过1.5m或一步脚手架高。

### 2.2.4 多孔混凝土砌块砖墙体砌筑施工技术要点

(1) 为减少施工中的现场切锯工作量，避免浪费，便于备料，加气混凝土砌块砌筑前均应进行砌块排列设计。按砌块每皮高度制作皮数杆，并竖立于墙的两端，两相对皮数杆之间拉准线。在砌筑的位置放出墙身边线。加气混凝土砌块砌筑时，应向砌筑面适量浇水。在砌块墙底部时，应使用烧结普通砖或多孔砖砌筑，其高度不宜小于200mm。

（2）不同干密度和强度等级的加气混凝土砌块不应混砌。加气混凝土砌块也不得与其他砖、砌块混砌。但在墙底、墙顶及门窗洞口处局部采用烧结普通砖和多孔砖砌筑不视为混砌。

（3）灰缝应横平竖直，砂浆饱满。水平灰缝厚度不得大于15mm，竖向灰缝宜用内外临时夹板夹住后灌缝，其宽度不得大于2mm。砌块墙的转角处，应隔皮纵、横墙砌块相互搭砌。砌块墙的丁字交接处，应使横墙砌块隔皮端面露头。砌到接近上层梁、板底时，宜用烧结普通砖斜砌挤紧，砖倾斜度为60°左右，砂浆应饱满。墙体洞口上部应放置2根$\phi 6$的钢筋，伸过洞口两边长度每边不小于500mm。

（4）砌块墙与承重墙或柱交接处，应在承重墙柱的水平灰缝内预埋拉结钢筋，拉结钢筋沿墙或柱高每1m左右设一道，每道为2根$\phi 6$的钢筋（带弯钩），伸出墙或柱面长度不小700mm，在砌筑时，将此拉结钢筋伸出部分埋置于砌块墙的水平灰缝中。抗震设防砌体，拉结筋布设高度及长度，按相应规范留置。

（5）加气混凝土砌块墙上不得留脚手眼。切锯砌块应使用专用工具，不得用斧或瓦刀任意砍劈。加气混凝土砌块墙每天砌筑高度不宜超过1.8m。墙上孔洞需要堵塞时，应用经切锯而成的异型砌块和加气混凝土修补砂浆填堵，不得用其他材料塞堵（如碎砖、混凝土块或普通砂浆等）。

（6）砌筑时应在每一块砌块全长上铺满砂浆。铺浆要厚薄均匀，浆面平整。铺浆后立即放置砌块，要求对准皮数杆，一次摆正找平，保证灰缝厚度。如铺浆后不立即放置砌块，砂浆凝固了，需铲去砂浆，重新砌筑。竖缝可采用挡板堵缝法填满、捣实、刮平，也可采用其他能保证竖缝砂浆饱满的方法。随砌随将灰缝勾成深0.5~0.8mm的凹缝。每皮砌块均需要拉水准线，灰缝要求横平竖直，严禁用水冲浆灌浆。

（7）砌体的转角处和交接处的各方向砌体应同时砌筑。对不能同时砌筑而又必须留置的临时间断处，应按要求留置斜槎。接槎时，应先清理基面、浇水润湿，然后铺浆接砌，并做到灰缝饱满。

（8）对现浇混凝土养护浇水时，不能长时间流淌，以避免发生砌体浸泡现象。穿越墙体的水管应严防渗漏。穿墙、附墙或埋入墙内的铁件应做防腐处理。砌块墙体宜采用粘结性能良好的专用砂浆砌筑，也可用混合砂浆，砂浆的最低强度等级不宜低于M2.5；有抗震及热工要求的地区，应根据设计选用相应的砂浆砌筑；在寒冷和严寒地区的外墙应采用保温砂浆，不得用混合砂浆砌筑。砌筑砂浆必须拌合均匀，随拌随用，不得使用隔夜砂浆，砂浆的稠度以7~10cm为宜。

## 2.3 冬期施工要求

### 2.3.1 冬期施工的规定

当室外日平均气温连续5天稳定于5℃时，砌块砌体工程应采取冬期施工技术措施，编制冬期施工方案。日平均气温应根据当地气象资料确定。在冬期施工期限以外，当日最低气温低于0℃时，也按冬期施工规定执行。

### 2.3.2 材料的抗冻性

材料在冻融交替时，由于孔隙内的水分在结冰时体积膨胀，产生一种膨胀应力，对材料起到破坏作用。抗冻性是指材料抵抗反复冻融作用的性能，它是判断耐久性能的重要指标之一。

(1) 一般墙体材料的抗冻性试验为：试件在-15℃以下冷冻4~8h，在10~20℃的水中融化4h。如此冻融15~25次循环后，外观没有明显的破坏征状，强度损失不大于25%。通过对影响硅酸盐砌块抗冻性能的各种因素的系统试验表明：石膏用量、用水量和试件表面状况对抗冻性能影响较大。

(2) 在自然条件下，即使是在北方寒冷地区，硅酸盐砌块也是能达到质量要求的。当硅酸盐砌块质量不符合技术标准要求时，则在经常受潮湿和冰冻的檐口、窗台、勒脚、水落管等使用部位容易出现麻面甚至剥落的现象。为了进一步保证硅酸盐砌块在寒冷地区的使用效果，在潮湿、冻融交替比较频繁的部位，如窗台、勒脚等处，可做水泥砂浆外粉刷，构造上可采取檐口挑出、勒脚做散水坡等措施。

### 2.3.3 混凝土冬期施工的技术要点

(1) 混凝土搅拌的要点

冬期施工混凝土的搅拌投料顺序和常温施工不同，为防止水泥"假凝"，水泥不应与80℃以上的水直接接触。投料顺序，应先投入骨料和已加热的水，然后再投入水泥和外加剂溶液。混凝土的搅拌时间应较正温下搅拌时间延长50%，骨料中不得带有冰雪及冻团。

(2) 混凝土运输要点

应尽量减少装卸、转运次数，运输工具的容器适当加以保温并经常清理干净。

(3) 混凝土浇灌的要求

冬期施工混凝土浇灌时间应控制在30min内完成。混凝土入模温度不得低于5℃，冬期不得在强冻胀性地基土上浇筑混凝土；在弱冻胀性地基土上浇筑混凝土时，地基土应进行保温，以免遭受冻结。原因是冻胀土体积膨胀地基消冻后，因建筑荷载将发生不均匀沉降造成重大质量事故。

(4) 混凝土养护要点

混凝土养护前内部温度不得低于2℃。冬期施工的混凝土养护时间必须达到或超过混凝土的临界强度所需要的最短正温养护天数。

## 实训课题1 轻骨料小型混凝土空心砌块隔墙砌筑实训

(1) 实训内容

轻骨料小型混凝土空心砌块隔墙砌筑。

(2) 实训目的和要求

1) 掌握小型空心砌块隔墙的施工工艺要求与流程；
2) 掌握小型空心砌块隔墙的安装操作技术；
3) 熟练掌握小型空心砌块操作中的基本方法；
4) 了解小型空心砌块隔墙安装的质量要求、允许偏差及质量检查方法。

(3) 实训准备

1) 施工材料准备：90mm厚轻骨料小型混凝土空心砌块、140mm厚轻骨料小型混凝土空心砌块、水泥质胶粘剂、轻骨料混凝土、$\phi6$、$\phi10$、$\phi12$钢筋等；

2) 施工机具准备：运输车、磅秤、胶皮管、筛子、铁锹、灰桶、喷水壶、托线板、小线、线坠、砖夹子、大铲、刨锛、水平尺、钢卷尺、砌筑和勾缝工具等；

3) 实习场地：实训教室（每人约 $4m^2$ 操作空间）。

(4) 相关知识和操作要领

1) 根据建筑室内装饰设计图纸，画出内隔墙空心砌块排列图。

2) 内隔墙部位，在楼板面和两端墙面或柱面，放出墙体中心线和边线。

3) 楼板上干排内隔墙第一皮、第二皮轻骨料空心砌块。

4) 在内隔墙两端墙面或柱面剔出钢筋或打 M8 膨胀螺栓，安装内隔墙两端竖向钢筋 $2\phi6$ 与箍筋或 M8 膨胀螺栓点焊牢固。

5) 用水泥质胶粘剂砌筑轻骨料小型混凝土空心砌块。

6) 砌至腰带部位，在腰带砌块内放 $2\phi6$ 钢筋，与两端 $2\phi6$ 竖向钢筋点焊，在芯柱部位插上 $1\phi12$ 钢筋，腰带与芯柱孔中灌注 CL15 轻骨料混凝土。

7) 继续砌筑轻骨料小型混凝土空心砌块。洞口上砌过梁砌块，过梁两侧砌腰带砌块，过梁内放 $2\phi10$ 钢筋，腰带内放 $2\phi6$ 钢筋，腰带与芯柱内灌注 CL15 轻骨料混凝土。抗震设防建筑，凡洞口大于 300mm 均采用钢筋混凝土过梁，不得采用钢筋砖过梁。

8) 继续砌筑轻骨料小型混凝土空心砌块，在梁、板底砌筑调整砌块。调整砌块距梁、板底留 10～15mm 缝，缝内用干硬性砂浆填实。

9) 在已砌筑的内隔墙上安装电气插座开关时，应用云石机或钻孔机开出新的孔洞。

(5) 评判标准

观察，检查施工记录。

(6) 实训注意事项

1) 砌筑用的小型混凝土空心砌块一般不宜浇水。

2) 不得使用龄期不满 28 天的小型混凝土空心砌块进行砌筑，以保证砌体能按期达到应有的强度指标。

3) 选用小型混凝土空心砌块的规格时，应尽量采用主规格。

4) 砌在墙上的砖必须放平，且灰缝不能一边厚、一边薄，造成砖面倾斜。当墙砌起一步架高时，要用托线板全面检查墙面的垂直及平整度。

5) 砌砖必须跟着准线走，俗语叫"上跟线，下跟墙，左右相跟要对平"。

6) 砌墙除懂得基本的操作外，还要在实践中注意练好基本功，掌握操作要领。

7) 注意墙面清洁，不要污损墙面。

8) 施工记录要详细，要进行轻质隔墙工程质量自检与合格质量判定。

9) 练习完成后，要做到落手清（把施工现场整理干净）。

## 实训课题 2　多孔空心砖隔墙体砌筑实训

(1) 实训内容

多孔空心砖隔墙体砌筑实训。

(2) 实训目的和要求

1) 掌握多孔空心砖隔墙体的施工工艺要求与流程；

2) 掌握多孔空心砖隔墙体的安装操作技术;

3) 熟练掌握多孔空心砖操作中的基本方法;

4) 了解多孔空心砖隔墙体安装的质量要求、允许偏差及质量检查方法。

(3) 实训准备

1) 施工材料准备：多孔空心砖、水泥、钢筋、外加剂应有材料进场的复验报告,拉结钢筋、预埋件、木砖等应提前作好防腐处理;

2) 施工机具准备：搅拌机、运输车、黄砂、磅秤、胶皮管、筛子、铁锹、灰桶、喷水壶、托线板、小线、线坠、砖夹子、大铲、刨锛等（磅秤的计量检测合格）;

3) 实习场地：实训教室（每人约 $4m^2$ 操作空间）。

(4) 相关知识和操作要领

1) 拉结钢筋位置应与块体皮数相符合,长度满足设计要求,不同品种的砖块不允许混砌。

2) 灰缝的空心砖厚度与宽度应在 8~12mm,灰缝应横平竖直,砂浆饱满。

3) 填充墙砌至接近梁、板底时,应留一定空隙,待填充墙砌筑完并应至少间隔 7d 后,再将其补砌挤紧。宜用烧结普通砖斜砌挤紧,砖倾斜度为 60°左右,砂浆应饱满。

4) 各种预埋件、预留洞应按设计要求设置,应避免剔凿。

5) 按设计图设置构造柱、圈梁、过梁钢筋混凝土以及门口两侧的混凝土包框。

6) 转角及横竖墙交接处不允许留直槎,不能同时砌筑而又必须留置的临时间断处,应按要求留置斜槎。

7) 墙体洞口上部应放置 $2\phi6$ 的钢筋,伸过洞口两边长度每边不小于 500mm。

8) 墙体宜采用粘结性能良好的专用砂浆砌筑,也可用混合砂浆,砂浆的最低强度等级不宜低于 M2.5;有抗震及热工要求的地区,应根据设计选用相应的砂浆砌筑,在寒冷和严寒地区的外墙应采用保温砂浆,不得用混合砂浆砌筑。

(5) 评判标准

观察,检查施工记录。

(6) 实训注意事项

1) 重视转角处和交接处同时砌筑或按规范留槎,还要重视填充墙的抗震加固。拉结筋布设高度及长度,按相应规范留置。

2) 预留洞与脚手眼的补砌都会削弱墙体的整体性和隔声、保温功能,所以应予以重视,按图留洞,不得剔凿和必须补砌严实。

3) 外墙砌筑或堵洞必须与原用砖的材质保持统一,否则易引起外墙抹灰的裂缝,而且不利于节能。

4) 外墙水平方向凸出的线脚或外墙砌体的凸出部分砂浆必须饱满、严密,抹灰时应采取坡度泛水、滴水等防水措施,以防止墙体内渗水,冬期冻结,春季融化而损坏墙体。

5) 砖平卧,上下层错缝,不允许有通缝,在转角门窗洞口等部位与多孔砖匹配砌筑,严禁空心砖打成半砖或七分头使用。

6) 施工记录要详细,要进行轻质隔墙工程质量自检与合格质量判定。

7) 练习完成后,要做到落手清（把施工现场整理干净）。

## 思 考 题

1. 轻质砌块隔墙施工中有哪些常见质量问题？
2. 轻质砌块隔墙施工工艺流程有哪些？轻质砌块隔墙冬期施工要求有哪些？
3. 轻骨料小型混凝土空心砌块隔墙砌筑的施工工艺流程有哪些？
4. 多孔空心砖隔墙体的施工工艺要求与流程有哪些？

# 单元 5　饰面砖镶贴施工工艺

**单元提要**

饰面砖镶贴一般是指内外墙饰面砖、地砖、陶瓷锦砖等人造板块材料的镶贴。本单元主要介绍饰面砖镶贴工艺从施工准备到镶贴的每个具体工序,并分几个课题详细介绍了内外墙饰面砖、地砖、陶瓷锦砖的镶贴工艺。本单元理论部分主要要求掌握镶贴工艺的流程,镶贴时的注意要点以及各种不同材料镶贴时的不同方法,并同时要求实际操作部分能达到熟练进行镶贴工艺的各流程操作,将理论知识融入实际操作当中。

## 课题 1　饰面砖镶贴的施工准备

### 1.1　饰面砖镶贴的施工准备流程

基层处理→找平层施工(设标志及挂线→抹底层砂浆→抹中层砂浆)→饰面砖的验收。

### 1.2　施工技术要点

#### 1.2.1　基层处理

镶贴饰面砖都需要对墙面先进行找平,找平层的优劣,是决定饰面层镶贴质量优劣的关键,而基层处理又是做好找平层的前提。

(1) 混凝土墙地面基层处理

当基体为混凝土时,先剔凿混凝土基体上凸出部分,使基体基本保持平整、毛糙,然后用火碱水或"洗洁精"类洗涤剂,配以钢丝刷将表面上附着的脱模剂、油污等清除干净,最后用清水刷净。基体表面如有凹入部位,需用 1∶2 或 1∶3 水泥砂浆补平。如为不同材料的结合部位,例如填充墙与混凝土面结合处,还应用钢板网或钢丝网压盖接缝,射钉钉牢。为防止混凝土表面与抹灰层结合不牢,发生空鼓,可采用 30% 801 胶加 70% 水拌合的水泥浆,满涂基体一道,以增加结合层的附着力。

(2) 加气混凝土表面处理

砌块内墙应在基体清净后,先刷胶水溶液一道,然后为保证块料镶贴牢固,最好再满钉丝径≥0.7mm、孔径 32mm×32mm 或以上的机制镀锌钢丝网一道。钉子用"U"形钉,梅花形布置,或采用糊状素水泥浆甩浆满涂基体一道,八成干后打底灰。

(3) 砖墙表面处理

当基体为砖体砌块时,应用钢錾子剔除砖墙面多余灰浆,然后用钢丝刷清除浮土,并用清水将墙体充分湿水,使润湿深度约 2~3mm。另外,在基体表面处理的同时,需将挡线、内隔墙、阳台阴角以及给水排水穿墙洞眼封堵严实,尤其光滑的混凝土面,须用钢尖或扁錾凿坑处理,使表面粗糙。打点凿毛应注意两点,一是受凿面积应≥70%,绝不能象征性地打坑;二是凿点后,应清理凿点面,由于凿打中必然产生凿点局部松动,必须用钢丝刷清刷一道,并用清水冲洗干净,防止产生隔离层。

#### 1.2.2 找平层施工

(1) 设标志及挂线

找平层应吊垂线,贴灰饼。外墙面作找平层时,应在房屋小四角用经纬仪和线坠,按找平层厚度,从顶到底测定垂直线,沿垂线做标志,贴灰饼。垂直线应一次吊线,严禁两次吊线。外柱到顶的外墙,每个外柱边角必须吊线(即柱面双线),做双灰饼,然后再根据垂直线拉横向通线,沿通线每隔1200~1500mm做灰饼;同时应在门窗或阳台等处拉横向通线,找出垂直方向后,贴好灰饼,达到线直角方大面平整。必须特别注意各层楼的阳台和窗口的水平向、竖向和进出方向,"三向"成线。

连通灰饼进行冲筋,作为找平层砂浆平整度和垂直度的标准。外墙面局部镶贴饰面砖时,应对相同水平部分拉通线,对相同的垂直面吊线坠,进行贴灰饼、冲筋。内墙面应在四角吊垂线、拉通线,确定抹灰厚度后贴灰饼,连通灰饼(竖向、水平向)进行冲筋,作为内墙找平层砂浆垂直度和平整度的标准。

(2) 抹底层砂浆

1) 材料:用1:3水泥砂浆或1:1:4混合砂浆,严格控制找平层砂浆的稠度。

2) 湿水:基层抹灰必须充分润湿基体,严禁在干燥的混凝土或砖墙上抹砂浆找平层。因为干燥的墙面,尤其当混凝土或砖砌体表面温度较高时,紧贴基体的砂浆很快被基体吸干水分,使贴靠基体的砂浆失水,形成抹灰层与基体的隔离层,即"干浆层"。此层水化极不充分,无强度,容易引起基层抹灰脱壳和出现裂缝而影响质量。

3) 基层抹灰(即找平层抹灰)。基层抹灰的质量,要控制好垂直及平整度。要分层抹灰,每一层厚度不宜太厚,一般≤7mm,局部加厚部位应加挂钢丝网。抹灰时应快抹快找平,不得反复揉压,造成人为空鼓。为克服混凝土基层抹灰易于空鼓,可在抹灰前在基体表面刷界面胶粘剂,如YJ-302和改性环氧树脂EE-1、EE-2、EE-3等。抹外墙面的找平层时,尚应注意墙面的窗台、腰线、阳角及滴水线等部位饰面层镶贴排砖方法和换算关系,正面砖要往下凸出3mm左右,底面砖要做出流水坡度。

此外,还应对照建筑图尺寸核对结构实际偏差情况,决定找平层厚度及排砖模数,具体操作可采用甩浆处理,即在甩浆前将墙面充分润湿,清除油污,然后把适当稠度的水泥素浆用茅草帚沾浆,用力将水泥浆甩至混凝土墙面,使之形成不规则的糙面,并浇水养护3~7天。

(3) 养护抹中层砂浆

在底层砂浆抹完后,应洒水养护,一般3~7d。然后抹找平层中层砂浆,在铺镶块料的前一天,再用1:2水泥砂浆或1:1:4混合砂浆批满。中层砂浆为精找平,一般厚≤5mm,以解决基层抹灰找平回缩"收生"产生的不平,保证找平层"绝对"平整。其操作应随手带平,俗称"铁板糙"。

#### 1.2.3 饰面砖的验收

(1) 对已进入现场的各种饰面材料,必须进行外观与内在质量的检查和验收,验收合格后方可使用。检查和验收的原则是对已到场的饰面材料进行数量清点核对。按设计要求，对各方选定的样品进行外观对比检查。

(2) 检查的内容主要包括：

1) 检查大宗进料与选定样品的图案、花色、颜色是否相符，有无色差；

2) 检查各种饰面材料的规格是否符合质量标准所规定的尺寸和公差要求；

3) 检查各种饰面材料是否有表面缺陷或破损现象。

(3) 按设计要求，对各方选定的样品进行内在质量的检查。检查的内容主要包括：

1) 检查吸水率是否符合要求；

2) 检查耐酸碱性能是否符合要求；

3) 检查耐骤冷骤热性能是否符合设计要求。

### 1.2.4 作业条件准备

在块料饰面材料铺贴安装前，必须完成下列技术准备：

(1) 施工单位会同建设单位、设计单位、质量监督部门对主体结构进行中间验收，并认可同意隐蔽，同时饰面施工的上层楼板或屋面应已完工不漏，全部饰面材料按计划数量完成验收入库。

(2) 找平层拉线贴灰饼和冲筋已做完，大面积底糙完成，基层经自检、互检、交接，墙面平整度、垂直度合格。

(3) 凸出基体表面之钢筋头、钢筋混凝土垫头、梁头已剔平，脚手洞已封堵完毕。

(4) 水暖管道经检查无漏敷，试压完成（应绝对合格），墙洞封闭，电管埋设完，壁上灯具支架做完，预埋件无遗漏。

(5) 门窗框及其他木制、钢制、铝合金预埋件按正确位置预埋完毕，标高符合设计。配电嵌柜等嵌入件已嵌入指定位置，周边用水泥砂浆嵌固完毕，扶手栏杆装好。

## 课题 2　内墙饰面砖镶贴施工工艺

### 2.1　内墙饰面砖镶贴施工工艺流程

弹线分格→挑选饰面砖→浸砖→做灰饼→预排→铺贴→嵌缝、擦洗。

### 2.2　内墙饰面砖镶贴施工技术要点

#### 2.2.1 弹线分格

弹线分格是在精找平层上用墨线弹出饰面砖分格线。弹线前应根据镶贴墙面长、宽尺寸（找平后的精确尺寸），将纵、横面砖的皮数划出皮数杆，定出水平标准。饰面砖弹线分格示意图如图5-1所示。

(1) 弹水平线

对要求面砖贴到顶的墙面，应先弹出顶棚边或龙骨下标高线，按饰面砖上口镶贴伸入吊顶线内25mm计算，确定面砖铺贴上口线，然后从上往下按整块饰面砖的尺寸分划到最下面的饰面砖。当最下面砖的高度小于半块砖时，最好重新分划，使最下面一层面砖高度大于半块砖。重新排饰面砖出现的超出尺寸，可将面砖伸入到吊顶内。面砖的贴法示意图有对缝和错缝两种，如图5-2(a)及(b)所示。

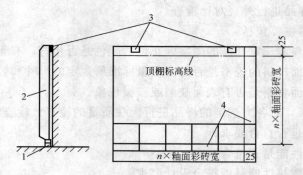

图 5-1 饰面砖弹线分格示意图（单位：mm）
1—靠尺；2—直撑尺；3—标准块；4—非整块面砖

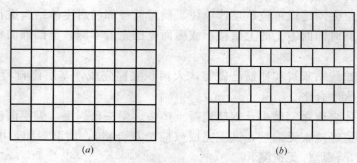

图 5-2 面砖的贴法示意图
(a) 对缝贴法；(b) 错缝贴法

多采用从下向上排砖，一般如地面面层为水平，墙面底层砖排为整砖；如地面面层有坡度，比如卫生间，墙面底层砖于门口处为整砖，其余墙砖依墙根地面高低切割。

(2) 弹竖向线（竖向排砖分割）

最好从墙面一侧端部开始，以便将不足模数的面砖贴于阴角或阳角隐蔽处。半砖宽度一般不小于 100mm。

### 2.2.2 挑选饰面砖（选砖）

挑选饰面砖是保证饰面砖镶贴质量的关键工序。为保证镶贴质量，必须在镶贴前按颜色的深浅不同进行挑选归类，然后再对其几何尺寸大小进行分选，即同色同尺寸归类。挑选饰面砖几何尺寸的大小，可采用自制分选套模。套模根据饰面砖几何尺寸及公差大小做成几种"U"形木框钉在木板上，将砖逐块放入木框，即能分选出大、中、小。以此分类堆放备用。在分选饰面砖的同时，还必须挑选配件砖，如阴角条、阳角条、压顶。

### 2.2.3 浸砖

分级归类的饰面砖，在铺贴前应充分浸水。防止面砖铺贴上墙后，吸收灰浆中的水分，致使砂浆结晶硬化不全，造成粘贴不牢或面砖浮滑。一般浸水时间不少于 2h，取出阴干到表面无水膜，通常为 6h 左右，以手摸无水感为宜。

### 2.2.4 设标志及挂线

在贴釉面砖的找平层上，用废面砖按铺贴厚度，在墙面上下左右做灰饼，并以废砖棱角作为基准线，上下用靠尺吊直，横向用靠尺或小线拉平。灰饼间距一般为1500mm。阳角处除正面做灰饼外，侧面亦相应有灰饼，即所谓的双面挂直。双面吊直示意图如图5-3所示。

2.2.5 预排

在同一墙面最后只能留一行（排）非整块饰面砖，非整块面砖应排在水平上紧靠地面上或竖向上不显眼的阴角处。排砖时可用调整砖缝宽度的方法解决，一般饰面砖缝宽可在1～1.5mm中变化。凡有管线、卫生设备、灯具支撑等时，面砖应裁成"U"形口套入，再将裁下的小块截去一部分，原砖套入"U"形口嵌好，严禁用几块零砖拼凑。内墙面砖镶贴排列方法，主要有直缝镶贴和错缝镶贴（此法第一块砖隔行应有半砖）。

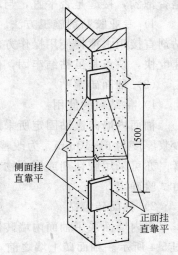

图5-3 双面吊直示意图（单位：mm）

当外形尺寸较大而饰面砖偏差又较大时，采用大面积密缝镶贴法效果不好。因饰面砖尺寸不一，极易造成缝线游走、不直，以致不好收头交圈。这种砖最好用调缝拼法或错缝排列比较合适。这样，既可解决面砖大小不一的问题，又可对尺寸不一的面砖分排镶贴。即一种尺寸一个房间，再或者一面墙当面砖外形有偏差，但偏差不太大时，可用分块留缝镶贴，排块时按每排实际尺寸，将误差留于分块中。

如果饰面砖厚薄有差异，亦可将厚薄不一的面砖，按厚度分类，分别镶贴在不同墙面上。如实在分不开，则先贴厚砖，然后用面砖背面填砂浆加厚的方法，调整解决饰面砖镶贴平整度的问题。

2.2.6 铺贴

（1）饰面砖结合层用砂浆

这类砂浆主要有四种：

1）水泥砂浆施工方法。以配比为1∶2或1∶3（体积比）水泥砂浆为宜，砂宜取细度模数＜2.9之细砂。

2）混合砂浆施工方法。在1∶2或1∶3水泥砂浆中加入少量石灰膏，以增加粘贴砂浆的保水性与和易性。这两种粘贴砂浆均较软，若粘贴砂浆厚度较厚，砖有时下坐，饰面砖平整度不易掌握。因此，要求工人有较好的技术素质，而且工效较低，但粘结却较牢固，此法称"软贴法"。

3）801建筑胶砂浆粘贴施工方法。801胶在掺到水泥砂浆之前，先用两倍的水稀释，而后掺入水泥砂浆量的2％～3％加在已搅拌均匀的水泥砂浆中，其稠度为6～8cm，所使用的工具亦同。

先用1∶2水泥砂浆打底。如采用混合砂浆，其配比为水泥∶石灰膏∶砂＝1∶0.7∶4.6。打完底第二天即可施工面层，如果相隔时间较长，墙面出现积灰较多时，应在粘结前清扫干净并喷水湿润。然后将底层面清理干净，再按照釉面砖的实际尺寸加灰缝，并弹好垂直和水平控制线。801建筑胶砂浆厚度控制在4～6mm，四边应刮成斜面，按弹线上基层，用手轻压，并用灰匙子木柄轻击，尽量让砖与底层密实。此时注意釉面砖四周砂浆是否饱满，接缝是否平直，与墙面平整度如何。

4) 专业胶贴剂施工方法。专用胶贴剂有袋装粉体胶贴剂和桶装胶贴剂两种，粉体胶贴剂直接用水搅拌使用操作方便，桶装胶贴剂直接使用。要求基层绝对平整，造价较高，速度快，缺点是虽粘结牢固，但轻敲为空鼓声，装饰效果感觉质薄。

（2）釉面砖镶贴

1) 粘结料的使用

釉面内墙砖镶贴固定所采用的粘结材料，根据行业标准的要求，宜为1:2水泥砂浆，砂浆厚度为6～10mm。为改善水泥砂浆的和易性，也可掺入不大于水泥重量15％的石灰膏。亦可采用胶粘剂或聚合物水泥砂浆镶贴釉面砖。当采用聚合物水泥浆时，其配合比应由试验确定。

2) 釉面砖镶贴

室内墙面采用釉面内墙砖镶贴的基本构造做法。釉面内墙砖贴面装饰的基本构造图如图5-4所示。釉面砖上墙之前，在其背面满刮粘结浆，上墙就位后用力捺压，使之与基层表面紧密粘合。对于有设缝要求的饰面，可按设计规定的砖缝宽度制备小十字架，临时卡在每四块砖相邻的十字形缝间，以保证缝隙精确；单元式的横缝或竖缝，则可采用分格条；一般情况下只需挂线贴砖。最下一行砖贴好后，用长靠尺横向找平。有高出标志块者，可用铲刀木柄轻敲使之齐平；如有低于标志而亏灰者，应取下砖块刮满刀灰，再次到位镶贴，不得采用在砖口塞灰的做法，否则会产生空鼓。

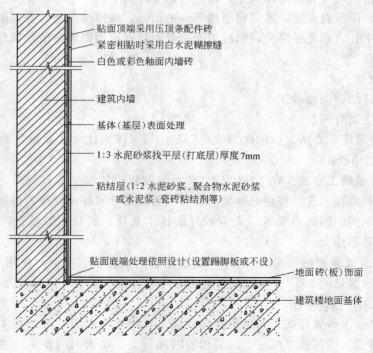

图5-4 釉面内墙砖贴面装饰的基本构造

当镶贴至上口，如无压条（镶边或装饰线脚）或吊顶时，应采用一端圆的配件砖（压顶条）贴成平直线。其他设计要求的收口、转角等部位，以及腰线、组合拼花等，均应采用相应的砖块（条）适时就位镶贴。

## 2.3 开 缝

饰面砖铺贴过程中，下部砖如粘结牢固或一面墙铺贴完工前，应用开刀，刮除砖间砂灰，梁底至少达一砖厚，以免嵌缝时砂浆透黑。

## 2.4 嵌缝、擦洗

饰面砖铺贴完毕后，应用海绵将砖面灰浆拭净，凝结牢固后用与饰面砖颜色相同的水泥（彩色面砖应加同色颜料）嵌缝，一般用白水泥擦缝，嵌缝中务必注意应全部封闭缝中镶贴时产生的气孔和砂眼。嵌缝应成凹弧、光滑无接搓。之后，应用海绵仔细擦拭干净。如饰面砖砖面污染严重，可用稀盐酸刷洗后，再用清水冲洗干净。

# 课题 3 外墙饰面砖铺贴施工工艺

## 3.1 外墙饰面砖铺贴施工工艺流程

选砖、预排→弹线分格→镶贴→勾缝、擦洗。

## 3.2 外墙饰面砖施工技术要点

3.2.1 选砖、预排

（1）选砖

根据设计图纸的要求，对面砖进行分选。首先按颜色分选一遍，然后再用自制套模对面砖的大小、厚薄进行分选归类。外墙砖不浸砖。

（2）预排

外墙面砖预排主要是确定面砖的排列方法和砖缝的大小。外墙面砖镶贴排砖方法较

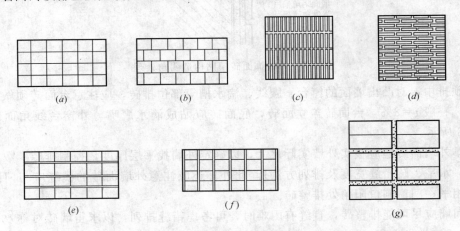

图 5-5 外墙矩形面砖排缝示意图
(a) 长边水平密缝；(b) 长边竖直密缝；(c) 密缝错缝；(d) 水平、竖直疏缝；
(e) 留缝错缝；(f) 水平密缝、竖直疏缝；(g) 水平疏缝、竖直密缝

多，常用的矩形面砖排列有矩形长边水平排列和竖直排列两种；按砖缝宽度，又可分为密缝排列（缝宽 1～3mm）与疏缝排列（缝宽大于 4mm，常为 6～8mm，但一般小于 20mm）。此外，还可采用密缝、留缝、竖直方向相互排列。外墙矩形面砖排缝示意图如图 5-5 所示。

预排中应该遵循如下原则：凡阳角部位都应是整砖，且阳角处正立面整砖应盖住侧立面整砖。且多采用 45°套割，侧面无搭压立缝，对大面积墙面砖的镶贴，除不规则部位外，其他都不裁砖。除柱面镶贴外，其余阳角不得对角粘贴。外墙饰面砖镶贴构造及角处理如图 5-6 所示，外墙饰面砖镶贴构造阴角处理如图 5-7 所示。

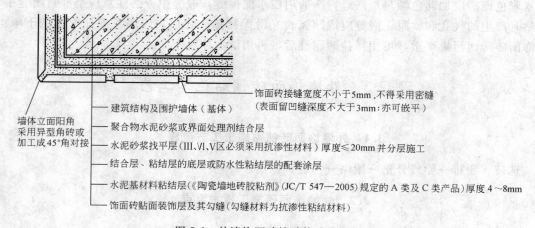

图 5-6　外墙饰面砖镶贴构造及角处理

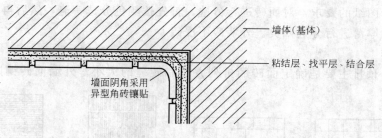

图 5-7　外墙饰面砖镶贴构造阴角处理

在预排中，对凸出墙面的窗台、腰线、滴水槽等部位排砖，应注意台面砖须做出一定的坡度，一般 $i=3\%$，台面砖盖立面砖，底面砖应贴成滴水鹰嘴。外窗台线角面砖镶贴如图 5-8 所示。

预排外墙面砖还应核实外墙实际尺寸，以确定外墙找平层厚度，控制排砖模数（即确定竖向、水平、疏密缝宽度及排列方法）。此外，还应注意外墙面砖的横缝应与门窗会脸和窗台相平；门窗洞口阳角处排整砖。

窗间墙应尽可能排整砖，直缝有困难时，可考虑错缝排列，以求得墙砖对称效果。

### 3.2.2　弹线分格

弹线与做分格条应根据预排画出大样图，按缝的宽窄大小（主要指水平缝）做出分格条，作为镶贴面砖的辅助基准线。弹线的步骤如下：

（1）在外墙阳角处大角用大于 5kg 的线坠吊垂线并用经纬仪校核，最后用花篮螺栓将线坠吊正的钢丝固定绷紧上下端，作为找准基线；

（2）以阳角基线为准，每隔 1500～2000mm 做标志块，定出阳角方正，抹上隔夜"铁板糙"（即俗称"整糙"）；

（3）在精抹面层上，按预排大样先弹出顶面水平线，在墙面的每一部分，根据外墙水平方向面砖数，每隔约 1000mm 弹一垂线；

（4）在层高范围内，按预排面砖实际尺寸和块数，弹出水平分缝，分层皮数（或先做皮数杆，再按皮数杆弹分层线）；

（5）大范围面积镶贴时，每 10 个平方要留伸缩缝一道。

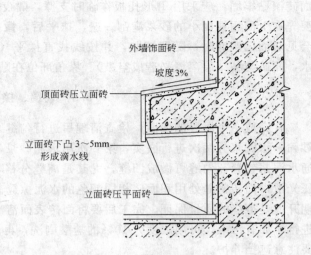

图 5-8　外窗台线角面砖镶贴示意图

### 3.2.3　镶贴

镶贴面砖前也要做标志块，其挂线方法与釉面砖相同，并应先将墙面清扫干净，清除妨碍铺贴面砖的障碍物，检查平直度是否符合要求。镶贴顺序应自上而下分层分段进行，每段内镶贴程序应是自下而上进行，而且要先贴附墙柱、后贴墙面、再贴窗间墙。镶贴时，先按水平线垫平八字尺或直靠尺，操作方法基本与釉面砖相同。铺贴的砂浆一般为 1：2 水泥砂浆或掺入不大于水泥质量 15％的石灰膏的水泥混合砂浆，砂浆的稠度要一致，避免砂浆上墙后流淌。刮满刀灰厚度一般为 6～10cm，贴完一行后，须将每块面砖上的灰浆刮净。如上口不在同一直线上，应在面砖的下口垫小木片，尽量使上口在同一直线上，然后在上口放分格条，既控制水平缝的大小与平直，又可防止面砖向下滑移，随后再进行第二皮面砖的铺贴。

竖缝的宽度与垂直完全靠目测控制，所以在操作中要特别注意随时检查，除依靠墙面的控制线外，还应该经常用线坠检查。如竖缝是离缝（不是密缝），在粘贴时对挤入竖缝处的灰浆要随手清理干净。瓷砖镶贴示意如图 5-9 所示。

分格条应在隔夜后起出，起出后的分格条应清洗干净，方能继续使用（清理缝边砂浆，相当于开缝）。

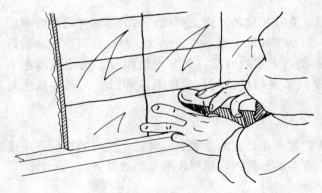

图 5-9　瓷砖镶贴示意

门窗贴脸、窗台及腰线镶贴面砖时，要先将基体分层刮平，表面随手划纹，待七至八成干时再洒水抹 2～3mm 厚的水泥浆（最好采用掺水泥质量的 10％～15％801 胶的聚合物水泥浆），随即镶贴面砖。为了使面砖镶贴牢固，应采用 T 形托板作临时支撑，隔夜后拆除。窗台及腰线上盖面砖镶贴时，要先在上面用稠度小的砂浆满刮一遍，抹平后，撒一层干水泥灰面（不要太厚）。略停一会见灰面已湿润时，随即铺贴，并按线找直揉平（不撒干水泥灰面，面砖铺后砂浆吸收水，面砖与粘结层离缝必造成空鼓）。垛角部位在贴完面砖后，要用方尺找方。

### 3.3　勾缝、擦洗

在完成一个层段的墙面，检查清理后进行勾缝。勾缝用 1∶1 水泥砂浆，砂子要过窗纱筛。水泥浆分两次进行嵌实，第一次用水泥砂浆，第二次按设计要求用彩色水泥浆或普通水泥浆勾缝。勾缝可做成凹缝，尤其是离缝分格，深度 3mm 左右。使用勾缝溜子，擦压光滑，面砖密缝处用和面砖相同颜色的水泥擦缝。擦缝后要求水泥砂浆不造底，因此前期开缝是擦缝的质量保证。完工后要将面砖表面清洗干净，清洗工作应在勾缝材料硬化后进行，如有污染，可用浓度为 10％的盐酸刷洗，再用水冲净。夏期施工应防止阳光曝晒，要注意遮挡养护。

## 课题 4　瓷砖地面镶贴的施工工艺

### 4.1　瓷砖地面施工流程

基层处理→找规矩→试拼→试排→砂浆结合层（找平层）。

### 4.2　瓷砖地面施工技术要点

#### 4.2.1　基层处理

板块地面铺砌或铺粘前，应先挂线检查并掌握地面垫层的平整度，做到心中有数。然后清扫基层并用水刷净（如为光滑的钢筋混凝土楼面，应凿毛），提前一天浇水湿润基层表面。

#### 4.2.2　找规矩

根据设计要求，确定平面标高位置，并在相应的立面上弹线，四周墙面弹出地砖顶面线，再根据板块分块情况。挂线找中，即在房间取中点、拉十字线。与走廊直接相通的门口处，要与走道地面拉通线，分块布置要以十字线对称，如室内地面与走廊地面颜色不同，分界线应放在门口门扇中间处。原因是关门后各间自成体系，开门后无两种颜色对接线。

#### 4.2.3　试拼

根据标准线确定铺砌顺序和标准块位置。在选定的位置上，对每个房间的板块，应按图案、颜色、纹理试拼。试拼后按两个方向编号排列，然后按编号码放整齐。

#### 4.2.4　试排

在房间的两个垂直方向，按标准线，铺两条干砂带，其宽度大于板块。根据设计图要求把板块排好，以便检查板块之间的缝隙（平板间的缝隙如设计无规定，大理石、花岗石不大于 3mm，水磨石和水泥花砖不大于 2mm，预制混凝土板块不应大于 6mm。地板砖一般有密缝、疏缝之分，密缝 1～1.5mm；疏缝 4～8mm；疏缝一般在大房间小规格

300mm×300mm及以下地砖采用,现多为密缝地砖),核对板块与墙面、柱、管线洞口等的相对位置,确定找平层砂浆的厚度(对于如浴室、厕所等有排水要求的,应找好泛水),根据试排结果,在房间主要部位弹上互相垂直的控制线,并引至墙上,用以检查和控制板块的位置。排砖如图5-10所示。

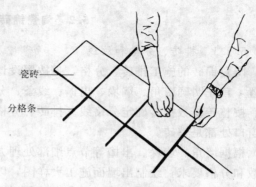

图5-10 排砖

4.2.5 砂浆结合层(找平层)

要求有较好的平整度,而且不得空鼓和产生裂缝。为此要求找平层要使用1:2(体积比)的干硬性水泥砂浆。铺设时的稠度(以标准圆锥体沉入度为准)2.5~3.5cm。即以手握成团,落地开花为宜。为了保证粘结效果,基层表面湿润后,还要刷以水灰比为0.4~0.5的水泥浆,并随刷随铺板块。

摊铺干硬性水泥砂浆找平层时,摊铺砂浆长度应在1m以上,宽度要超出平板宽度20~30mm,摊铺砂浆厚度10~15mm,楼、地面虚铺的砂浆应比标高线高出3~5mm,砂浆应从里向门口铺抹,然后用大杠刮平、拍实,用木抹子找平,再在结合层上试铺。铺好后用橡皮锤敲击,根据锤击的空击声,检查其密实度,如有空隙应及时补浆。待合适后,将平板块揭起,再在找平层上均匀地撒一层干水泥面,并用刷子蘸水洒一遍,同时在板块背面刷水,将板块复位正式镶铺。

4.2.6 铺贴

正式镶铺时,底层先撒一层干水泥,稍洒点水。用1:3水泥砂浆,不宜用刮杠刮平拍密实,用水泥或水泥浆抹子摊平。板块要四角同时平稳下落,对准纵横缝后,用橡皮锤轻敲振实,并用水平尺找平,锤击时不要砸边角,还要注意不要砸在已铺完的平板上,以免造成空鼓。用开刀和抹子将缝拨直,然后再拍击一遍,将表面多余的砂浆用棉纱擦净。砂浆涂抹不要过厚,也不能太干,铺时做到用力均匀,砂浆缝饱满,以免空鼓。

4.2.7 灌缝、擦缝

平板镶铺后24h再洒水养护。一般在2d以后,经检查平板无断裂、空鼓后,用浆壶将稀水泥浆或1:1水泥砂浆(水泥:细砂)灌入缝内2/3高度,并用小木条把流出的水泥浆向缝隙内刮抹,面层上溢出的水泥浆或水泥砂浆应在凝结前予以消除,再用与板面相同颜色的水泥浆将缝填满。待缝内的水泥凝结后,再将面层清洗干净。3d内禁止上人走动或搬运物品。

## 课题5 陶瓷锦砖(马赛克)的墙地面镶贴施工工艺

### 5.1 陶瓷锦砖施工流程

陶瓷锦砖分为有纸镶贴和无纸镶贴两种。

排砖、分格和放线→镶贴→揭纸(无纸锦砖无须此工序)→调整→擦缝。

## 5.2 陶瓷锦砖施工技术要点

### 5.2.1 排砖、分格和放线

陶瓷锦砖的施工排砖、分格,是按照设计图纸要求,根据门窗洞口、横竖装饰线条的布置,首先明确墙角、墙垛、出檐、线条、分格(或界格)、窗台、窗膀等节点的细部处理,按整砖模数排砖确定分格线。排砖、分格时应使横缝与贴脸、窗台相平,竖向要求阳角窗口处都是整砖。

根据墙角、墙垛、出檐等节点细部处理方案,首先绘制出细部构造详图,然后按排砖模数和分格要求,绘制出墙面施工大样图,以保证墙面完整和镶贴各部位操作顺利。底子灰抹好划毛经浇水养护后,根据节点细部详图和施工大样图,先弹出水平线和垂直线,水平线按每方陶瓷锦砖一道,垂直线最好也是每方一道,也可二至三方一道,垂直线要与房屋大角以及墙垛中心线保持一致。如有分格时,按施工大样图规定的留缝宽度弹出分格线,按缝宽备好分格条。

### 5.2.2 镶贴

镶贴陶瓷锦砖时,一般由下而上进行。按已弹好的水平线安放八字靠尺或直靠尺,并用水平尺校正垫平。一般是两人协同操作,一人在前洒水润湿,先刮一道素水泥浆,随即抹上2mm厚的水泥浆为粘结层,并掺适量801胶;另一人将陶瓷锦砖铺在木垫板上,纸面向下,锦砖背面朝上,先用湿布把底面擦净,用水刷一遍,再刮素水泥浆,将素水泥浆刮至陶瓷锦砖的缝隙中,砖面不要留砂浆,再将一张张陶瓷锦砖沿尺粘贴在墙上。

另外一种操作方法是:一人在润湿后的墙面上抹纸筋混合灰浆(其配合比为纸筋:石灰:水泥=1:1:8,制作时先把纸筋与石灰膏搅匀,过3mm筛,再与水泥浆搅匀)2~3mm,用靠尺板刮平再用抹子抹平整;另一人将陶瓷锦砖铺在木垫板上,底面朝上,缝里灌细砂,用软毛笔刷净底面,再用刷子稍刷一点水,抹上薄薄一层灰浆。

上述工作完成后,即可铺贴陶瓷锦砖。铺贴时,双手执在陶瓷锦砖上方。使下口与所垫的八字靠尺(或靠尺)齐平,由下往上贴,缝要对齐,并注意使每张之间的距离基本与小块陶瓷锦砖缝相同,不宜过大或过小,以免造成明显的接缝,影响美观。控制接缝宽度一般用目测,也可以借助于薄铜片或其他材料,将铜片放在接缝处,在陶瓷锦砖贴完后,取下铜片,其方法同外墙面砖。

### 5.2.3 揭纸

陶瓷锦砖贴于墙面后,一手将硬木拍板放在已贴好的陶瓷锦砖面上,一手用小木锤敲击木拍板,将所有的陶瓷锦砖满敲一遍,使其平整,然后将陶瓷锦砖护面纸用软刷子刷水润湿,等护面纸吸水泡开(立面镶砖揭纸面不易吸水。可往盛清水的桶中撒几把干水泥并搅匀,再用刷子蘸水润纸,纸面较易吸水,可提前泡开),即开始揭纸。揭纸时要仔细,有顺序地、慢慢地撕,如发现有小块陶瓷锦砖随纸带下(如只是个别几块),在揭纸后要重新补上;如随纸带下的数量较多,说明护面纸还未充分泡开,胶水尚未溶化,这时应用抹子将其重新压紧,继续刷水润湿护面纸。揭纸如图5-11所示。

### 5.2.4 调整

揭纸后要检查缝的大小,不合要求的缝必须拨正。调整砖缝的工作,要在粘结层砂浆初凝前进行。拨缝的方法是:一手拨缝时将开刀放于缝间,一手用抹子轻敲开刀,逐条按

 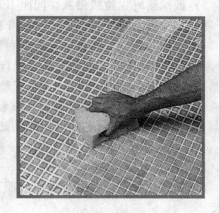

图 5-11 揭纸　　　　　　　　　图 5-12 擦缝

要求将缝拨匀、拨正，使陶瓷锦砖的边口以开刀为准排齐。拨缝后用小锤敲击木拍板将其拍实一遍，以增强与墙面的粘结。

5.2.5 擦缝

待粘结水泥浆凝固后，用素水泥浆找补擦缝。其方法是：先用橡皮刮板将水泥浆在陶瓷锦砖表面刮一遍，嵌实缝隙，接着加些干水泥，进一步找补擦缝，全面清理擦干净后，次日喷水养护。擦缝用水泥，如为浅色陶瓷锦砖应使用白水泥。擦缝如图 5-12 所示。

## 实训课题 1　内墙饰面砖镶贴实训

（1）实训内容

内墙饰面砖镶贴实训。

（2）实训目的和相关要求

1) 了解陶瓷饰面砖的种类，吸水率标准与选用要求；
2) 掌握浸砖时间等基本要求；
3) 掌握饰面砖镶贴施工工艺；
4) 掌握饰面砖镶贴基本技能。

（3）实训准备

1) 施工材料准备：室内釉面砖、水泥砂浆、801 建筑胶、专用胶粘剂等；
2) 施工机具准备：大铲、橡胶榔头、水平尺、钢卷尺、线坠、切割机、墨斗和粉线包、勾缝工具等；
3) 实习场地：实训教室（每人约 4m² 操作空间，有已完成打底、找平的墙面）。

（4）相关知识和操作要领

1) 挑选饰面砖是保证饰面砖镶贴质量的关键工序。饰面砖应有出厂合格证，挑选时首先应注意颜色和外形尺寸。平整度用直尺检查，一般不允许超过 0.5mm。把外观有裂缝、掉角和表面有缺陷的板剔出，有艺术图形要求的地面应按设计图验收。

2) 釉面砖在铺前应先浸泡水，晾干表面没有明水时方可使用。

3）做标筋时先拉线做灰饼间距1.5m，而后再开始冲筋、装档；养护24h后弹排砖线（干硬性水泥砂浆以手捏成团、落地开花为准）。

4）排砖、分格、弹线应符合下列要求：

(a) 应按设计要求和施工样板进行排砖，并确定分格，排砖宜使用整砖。对必须使用非整砖的部位，非整砖宽度不宜小于整砖宽度的1/3。

(b) 弹出控制线，做出标记；在粘贴前应对面砖进行挑选，浸水2h以上并清洗干净，待表面晾干后方可粘贴（用胶粘贴时，砖不用浸水）。

5）勾缝时用1∶1水泥砂浆，一般要求勾入深度是1/3，缝内砂浆密实、平整、光滑，随勾随擦、随清理。

6）面砖粘贴后应及时将表面清理干净；铺完砖24h后洒水养护，封闭时间不应少于7天。

(5) 评判标准

考核项目及评分标准如表5-1所示。

**考核项目及评分标准** 表5-1

| 序号 | 考核项目 | 检查方法 | 测数(处) | 允许偏差 | 评分标准 | 满分(分) | 得分(分) |
|---|---|---|---|---|---|---|---|
| 1 | 立面垂直 | 尺量 | 5 | 2mm | 超过者，每点扣2分 | 10 | |
| 2 | 表面平整 | 靠尺、塞尺 | 5 | 2mm | 超过者，每点扣2分 | 10 | |
| 3 | 阴阳角方正 | 角尺 | 3 | 2mm | 超过者，每点扣3分 | 10 | |
| 4 | 接缝平直 | 拉线、塞尺 | 3 | 2mm | 超过者，每点扣3分 | 5 | |
| 5 | 接缝高低 | 直尺、塞尺 | 3 | 0.5mm | 超过者，每点扣3分 | 10 | |
| 6 | 表面 | 观察 | 任意 | | 不平整、不洁净、每点扣3分 | 10 | |
| 7 | 接缝 | 观察 | 任意 | | 宽窄不均匀，每点扣3分 | 5 | |
| 8 | 粘结 | 敲击 | 任意 | | 牢固、无空鼓。有空鼓超过规范的，每点扣3分 | 10 | |
| 9 | 工艺操作规程 | | | | 错误无分，局部有误扣1~9分 | 10 | |
| 10 | 安全生产 | | | | 有事故无分，有隐患扣1~4分 | 5 | |
| 11 | 文明施工 | | | | 不做落手清扣5分 | 5 | |
| 12 | 功效 | | | | 根据项目，按照劳动定额进行。低于定额90%本项无分，在90%~100%之间酌情扣分，超过定额的酌情加1~3分 | 10 | |

(6) 实训注意事项

1）根据设计图纸的要求，对面砖进行分选。首先按颜色分选一遍，然后再用自制套模对面砖的大小、厚薄进行分选归类。外墙砖不浸砖。

2）预排中应该遵循如下原则：凡阳角部位都应是整砖，且阳角处正立面整砖应盖住侧立面整砖。多采用45°套割，侧面无搭压立缝，对大面积墙面砖的镶贴，除不规则部位外，其他都不裁砖。

3）墙面砖的镶贴不得有空鼓，注意砂浆或专用胶粘剂的厚度。

4）墙面砖的阴阳角处理要根据设计，采用45°套割或用配件砖镶贴。

5）施工记录要详细，要进行饰面砖工程质量自检与合格质量判定。
6）练习完成后，要做到落手清（把施工现场整理干净）。

## 实训课题 2　室内地面砖镶贴实训

(1) 实训内容
室内地面砖镶贴实训。
(2) 实训目的和相关要求
1）了解陶瓷饰面砖的种类，吸水率标准与选用要求；
2）控制浸砖时间等基本要求；
3）掌握饰面砖镶贴施工工艺；
4）掌握饰面砖镶贴基本技能。
(3) 实训准备
1）施工材料准备：地面砖、水泥砂浆、801建筑胶、专用胶粘剂等；
2）施工机具准备：小水桶、扫帚、平锹、铁抹子、大木杠、大铲、橡胶榔头、水平尺、钢卷尺、电钻、切割机、刷子、墨线、砌筑和勾缝工具等；
3）实习场地：实训教室（每人约4$m^2$操作空间，有已完成打底、找平的墙面）。
(4) 相关知识和操作要领
1）挑选饰面砖是保证饰面砖镶贴质量的关键工序。墙地砖应有出厂合格证，挑选时首先应注意颜色和外形尺寸。用木条按陶瓷砖规格尺寸钉方框模子，块块进行套选，平整度用直尺检查，一般不允许超过0.5mm。把外观有裂缝、掉角和表面有缺陷的板剔出，有艺术图形要求的地面应按设计图验收。
2）砖在铺前应先浸泡水，晾干表面没有明水时方可使用。
3）基层处理时先将混凝土楼板上的浮灰落地砂浆都剔凿干净，用钢丝刷干净，如有油污应用掺10%的火碱的水洗刷，并及时用清水冲洗干净，并检查标高是否符合要求。
4）做标筋时先拉线做灰饼间距1.5m，而后再开始冲筋。
5）装档。在标筋之间铺水泥砂浆，铺之前首先涂刷一道素水泥浆，随涂刷随铺1:3~1:4水泥砂浆，木抹子摊平、拍实、木杠刮平、木抹搓毛，并用大杆检查平整度和标高泛水，养护24h后弹排砖线。干硬性水泥砂浆以手捏成团、落地开花为准。
6）弹线时房间分中，从纵横两个方向排砖，不足整砖倍数时将非整砖对称排在靠墙的部位，平行门口的第一排砖应是整砖。
7）一般从中心线开始纵向先铺两行，以此为标筋，横向拉线从房间里侧向外铺，人不能踩踏刚铺好的砖。
8）铺干硬性1:4水泥砂浆10~15mm，应随拌随铺。在干硬性砂浆上撒素水泥面适量洒水。
9）勾缝时用窗纱筛的砂子掺入水泥配成1:1水泥砂浆，一般要求勾入深度是1/3，缝内砂浆密实、平整、光滑、随勾随擦、随清理。
10）铺完砖24h后洒水养护，封闭时间不应少于7d。
(5) 评判标准

考核项目及评分标准如表5-2所示。

考核项目及评分标准　　　　　　　　　表5-2

| 序号 | 考核项目 | 检查方法 | 测数(处) | 允许偏差 | 评分标准 | 满分(分) | 得分(分) |
|---|---|---|---|---|---|---|---|
| 1 | 表面平整 | 靠尺、塞尺 | 5 | 2mm | 超过者,每点扣2分 | 10 | |
| 2 | 缝格平直 | 拉线、量尺 | 5 | 3mm | 超过者,每点扣2分 | 5 | |
| 3 | 接缝高低 | 尺量、塞尺 | 3 | 0.5mm | 超过者,每点扣3分 | 10 | |
| 4 | 粘结 | 敲击 | 任意 | | 牢固、无空鼓。有空鼓超过规范的,每点扣3分 | 10 | |
| 5 | 表面 | 观察 | 任意 | | 不平整、不洁净、每点扣3分 | 10 | |
| 6 | 接缝 | 观察 | 任意 | | 宽度不均匀,每点扣3分 | 5 | |
| 7 | 工艺操作规程 | | | | 错误无分,局部有误扣1~29分 | 30 | |
| 8 | 安全生产 | | | | 有事故无分,有隐患扣1~4分 | 5 | |
| 9 | 文明施工 | | | | 不做落手清扣5分 | 5 | |
| 10 | 功效 | | | | 根据项目,按照劳动定额进行。低于定额90%本项无分,在90%~100%之间酌情扣分,超过定额的酌情加1~3分 | 10 | |

(6) 实训注意事项

1) 地砖的品种、质量必须符合设计要求品合格证和性能检测报告。砖面层应洁净,图案清晰,色泽一致,接缝平直,深浅一致,周边顺直。板块无裂纹、掉角和缺棱等缺陷。

2) 泛水坡度符合设计要求,不倒泛水、无积水,与地漏、管道结合处严密牢固,无渗漏。

3) 注意板块空鼓,基层清理不净,洒水湿润不均,砖未浸水,水泥浆结合层刷的面积过大风干后起隔离作用,上人过早影响粘结牢度和铺贴的质量。

4) 地面渗漏。厕、浴间地面穿楼板的上、下水等各种管道做完后,洞口应堵塞密实,并加有套管,验收合格后再做防水层,管口部位与防水层结合要严密,待蓄水合格后才能做找平层。

5) 地漏周围的锦砖套割不规则。做找平层时应找好地漏坡度,当大面积铺完后,再铺地漏周围的锦砖,根据地漏直径预先计算好锦砖的块数(在地漏周围呈放射形镶铺),再进行加工,试铺合适后再进行正式粘铺。

6) 施工记录要详细,要进行饰面砖工程质量自检与合格质量判定。

7) 练习完成后,要做到落手清(把施工现场整理干净)。

## 实训课题3　外墙饰面砖镶贴实训

(1) 实训内容

外墙饰面砖镶贴实训。

(2) 实训目的和相关要求

1) 了解陶瓷饰面砖的种类、吸水率标准与选用要求；

2) 控制浸砖时间等基本要求；

3) 掌握外墙饰面砖镶贴施工工艺；

4) 掌握外墙饰面砖镶贴基本技能。

(3) 实训准备

1) 施工材料准备：外墙饰面砖、外墙专用胶粘剂等；

2) 施工机具准备：大铲、橡胶榔头、水平尺、钢卷尺、八字尺、切割机、勾缝工具等；

3) 实习场地：实训教室（每人约 $4m^2$ 操作空间，有已完成打底、找平的墙面）。

(4) 相关知识和操作要领

1) 在基体处理完毕后，进行套方、吊垂直、挂线、贴灰饼、冲筋，其间距不宜超过 2m。

2) 抹找平层前应将基体表面润湿，并按设计要求在基体表面刷结合层。

3) 找平层应分层施工，严禁空鼓，每层厚度不应大于规定，而后做好标志块。

4) 排砖、分格、弹线应符合下列要求：

(a) 应按设计要求和施工样板进行排砖，并确定分格，排砖宜使用整砖。对必须使用非整砖的部位，非整砖宽度不宜小于整砖宽度的 1/3。

(b) 弹出控制线，做出标记；在粘贴应前应对面砖进行挑选，浸水 2h 以上并清洗干净，待表面晾干后方可粘贴（用胶粘贴时，砖不用浸水）。

5) 粘贴面砖时基层的含水率宜为 15%～25%，日最低温度在 0℃ 以上。面砖宜从阳角开始，自上而下粘贴，粘结层厚度宜为 4～8mm。

6) 在粘结层初凝前或允许的时间内，可调整面砖的位置和接缝宽度，使之附线并敲实；在初凝后或超过允许的时间后，严禁振动或移动面砖（为了饰面的平整和垂直，在镶贴过程中随时校正，发现问题应在砂浆初凝前修正）。

7) 墙体变形缝两侧粘贴的外墙饰面砖，面砖接缝的宽度不应小于 5mm，不得采用密缝。缝深不宜大于 3mm，也可采用平缝；其间的缝宽不应小于变形缝的宽度。

8) 墙面阴阳角处宜采用异型角砖。阳角处也可采用边缘加工成 45°角的面砖对接，阳角应用整砖。

9) 对窗台、檐口、装饰线、雨篷、阳台和落水口等墙面凹凸部位，应采用防水和排水构造。

10) 在水平阳角处，顶面排水坡度不应小于 3%，应采用顶面面砖压立面面砖、立面最低一排面砖压底平面面砖等做法，并应设置滴水构造。

11) 勾缝应符合下列要求：

(a) 勾缝应按设计要求的材料和深度进行，直、光滑、无裂纹、无空鼓；

(b) 勾缝宜按先水平后垂直的顺序进行。

12) 面砖粘贴后应及时将表面清理干净。

(5) 评判标准

考核项目及评分标准如表 5-3 所示。

考核项目及评分标准　　　　表 5-3

| 序号 | 考核项目 | 检查方法 | 测数(处) | 允许偏差 | 评分标准 | 满分(分) | 得分(分) |
|---|---|---|---|---|---|---|---|
| 1 | 立面垂直 | 尺量 | 5 | 2mm | 超过者,每点扣 2 分 | 10 | |
| 2 | 表面平整 | 靠尺、塞尺 | 5 | 3mm | 超过者,每点扣 2 分 | 10 | |
| 3 | 阴阳角方正 | 角尺 | 3 | 2mm | 超过者,每点扣 3 分 | 10 | |
| 4 | 接缝平直 | 拉线、塞尺 | | 2mm | 超过者,每点扣 3 分 | 7 | |
| 5 | 分格条(缝) | 拉线、尺量 | 3 | 0.7mm | 超过者,每点扣 3 分 | 10 | |
| 6 | 表面 | 观察 | 任意 | | 不平整、不洁净、每点扣 3 分 | 10 | |
| 7 | 接缝 | 观察 | 任意 | | 宽窄不均匀,每点扣 2~3 分 | 3 | |
| 8 | 粘结 | 敲击 | 任意 | | 牢固、无空鼓。有空鼓超过规范的,每点扣 3 分 | 10 | |
| 9 | 工艺操作规程 | | | | 错误无分,局部有误扣 1~9 分 | 10 | |
| 10 | 安全生产 | | | | 有事故无分,有隐患扣 1~4 分 | 5 | |
| 11 | 文明施工 | | | | 不做落手清扣 5 分 | 5 | |
| 12 | 功效 | | | | 根据项目,按照劳动定额进行。低于定额 90%本项无分,在 90%~100%之间酌情扣分,超过定额的酌情加 1~3 分 | 10 | |

(6) 实训注意事项

1) 根据设计图纸的要求,对面砖进行分选。首先按颜色分选一遍,然后再用自制套模对面砖的大小、厚薄进行分选归类。

2) 预排中应该遵循如下原则:凡阳角部位都应是整砖,且阳角处正立面整砖应盖住侧立面整砖;多采用 45°套割,侧面无搭压立缝,对大面积墙面砖的镶贴,除不规则部位外,其他都不裁砖。

3) 在层高范围内,按预排面砖实际尺寸和块数,弹出水平分缝,分层皮数(或先做皮数杆,再按皮数杆弹分层线)。

4) 大范围面积镶贴时,每 10 个平方要留伸缩缝一道。分格条应在隔夜后起出,起出后的分格条应清洗干净,方能继续使用。

5) 外墙同质砖不用浸砖,外墙釉面砖要浸砖。

6) 在完成一个层段的墙面,检查清理后进行勾缝。

7) 完工后要将面砖表面清洗干净,清洗工作应在勾缝材料硬化后进行,如有污染,可用浓度为 10%的盐酸刷洗,再用水冲净。夏期施工应防止阳光曝晒,要注意遮挡养护。

8) 施工记录要详细,要进行饰面砖工程质量自检与合格质量判定。

9) 练习完成后,要做到落手清(把施工现场整理干净)。

## 思 考 题

1. 常用地砖湿贴施工工艺与方法有哪些？
2. 瓷质砖铺装常见质量问题及处理办法是什么？
3. 饰面砖（板）正式铺贴或安装前为什么要进行预排？其作用如何？
4. 饰面砖（板）工程应对哪些材料及其性能指标进行复验？
5. 外墙饰面砖镶贴与内墙饰面砖镶贴的施工工艺与方法有哪些不同？

# 单元 6  石材镶贴与安装施工工艺

**单元提要**

石材饰面板的镶贴与安装包括天然石材（如大理石、花岗石）、人造石饰面板等。根据规格大小不同，饰面板的镶贴与安装有湿贴施工工艺与干挂施工工艺。

本单元着重介绍石材（天然石材和人造石材）的湿贴和干挂施工工艺和操作要点。石材湿贴是传统的施工工艺，其特点是造价低，施工方便，而今随着技术经济水平的提高，石材幕墙在装饰装修工程中广泛应用。干挂施工技术也逐渐成熟，干挂固定件的形式也很多，具体有插销固定法、不锈钢卡件固定法和背栓式等施工工艺。

## 课题 1  石材饰面湿贴法施工工艺

### 1.1  石材饰面湿贴施工工艺流程

基层处理→抹底灰→放线定位→粘贴饰面板→接缝处理→清洗地面。

### 1.2  石材饰面湿贴施工技术要点

天然花岗石板和大理石板饰面（亦包括预制水磨石、合成石等人造饰面板的装饰贴面）采用直接粘贴方式进行立面施工时，其基层应是坚固的混凝土墙体，或是稳定的砖石砌筑体，并应限制其镶贴高度，一般不超过 3m 的高度范围。超过限制高度进行镶贴时，须采用小规格的板材，要求板块的边长不大于 400mm，或采用细面花岗石薄板及板块厚度尺寸为 10～12mm 的镜面大理石装饰板。粘结工程所用粘结砂浆或新型的高强度多用途胶粘剂及石材粘合专用胶粘剂产品，均应通过试验方可正式使用。

#### 1.2.1  基层处理

建筑结构墙体或其他装饰构造的基体，应有足够的强度、刚度和稳定性，基层表面应平整、粗糙、洁净。对于光滑的混凝土结构表面，要进行凿毛处理或涂刷界面处理剂，以利于基层与底灰的结合及饰面板的粘结。混凝土表面凸出的部分应剔平，然后浇水湿润，墙体浇水的渗水深度以 8～10mm 为宜。

#### 1.2.2  抹底灰

底灰宜采用 1:3 水泥砂浆，找规矩并分层抹平，总厚度 12～15mm，表面划毛。底灰施抹前，可先在基层表面涂抹水灰比为 0.40～0.55、厚度为 2mm 的水泥浆层（或聚合物水泥浆层）做结合层，底层砂浆分数次抹压后，在其初凝前将表面进行毛化处理。

#### 1.2.3  放线定位

按设计图纸和实际贴面的部位以及饰面石板的规格尺寸，弹出水平和垂直控制线、分格线、分块线。对于有较复杂的拼花或采用不同规格尺寸的板材进行镶贴的墙面、柱面及装饰造型体表面，应按大样图将石板编号。

为保证饰面板的接缝严密、不渗水，弹线时应注意饰面板的接缝宽度。如若设计无具体要求时，饰面板安装的接缝宽度如表6-1所示。

饰面板安装的接缝宽度    表6-1

| 项次 | 饰面板类型 | | 接缝宽度（mm） |
|---|---|---|---|
| 1 | 天然石板 | 光面、镜面 | 1 |
| 2 | | 粗磨面、麻面、条纹面 | 5 |
| 3 | | 天然面 | 10 |
| 4 | 人造石板 | 预制水磨石 | 2 |
| 5 | | 水刷石 | 10 |
| 6 | | 大理石、花岗石 | 1 |

1.2.4 粘贴面板

将抹好底灰并已充分养护的基层表面洒水湿润，薄抹一层水泥浆或其他与粘结料相配套的打底材料；然后在饰面板块背面刮抹粘结浆。粘结浆可采用水泥浆、聚合物水泥浆、新型水泥基粘结材料或其他新型胶粘剂，亦可采用1∶2水泥砂浆或聚合物水泥砂浆，根据工程实际由设计确定。

板块就位后用木锤轻敲，使之固定；注意随时使用靠尺板找平找直，并用支架或采用其他措施对重要部位的粘结饰面做临时支撑，防止粘结浆凝结硬化前出现石板位移或脱落。

楼梯栏杆、栏板及墙裙的饰面板镶贴，应在楼梯踏步、地（楼）面层完工后进行。凸出墙面勒脚的饰面板粘贴，应待上层的饰面工程完成后进行。天然石板粘贴于墙饰面常用构造图如图6-1所示。

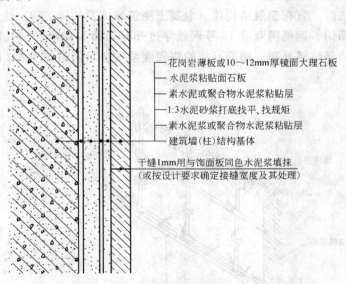

图6-1 天然石板粘贴于墙饰面常用构造

1.2.5 接缝处理

（1）室内抛光板饰面接缝：室内安装光面和镜面的饰面板，接缝应干接，接缝处宜用与饰面板相同颜色的水泥浆填抹。

（2）室外抛光板饰面接缝：室外安装光面和镜面的饰面板，接缝可干接或在水平缝中垫硬塑料板条。垫硬塑料板条时，应将压出部分保留，待粘结砂浆硬化后，将塑料板条剔除，用1∶1水泥细砂浆勾缝。对于干接缝，应采用与饰面板相同颜色的水泥浆填平。

（3）粗面板饰面接缝：粗磨面、麻面、条纹面、天然面饰面板的接缝和勾缝，应采用水泥砂浆，勾缝深度应符合设计要求。

（4）碎拼石板饰面接缝：碎拼大理石及花岗石饰面，其板块间的接缝应协调，不得有通缝，缝宽为5～20mm；采用平缝或凸缝等形式按设计规定。

## 课题2 石材饰面锚固灌浆法施工工艺

采用传统的湿作业法安装天然石材时，由于水泥砂浆在水化过程中会析出大量的氢氧化钙，泛到石板表面而产生花斑（俗称泛碱现象），严重影响建筑物室内外石材饰面的装饰效果。为此，《建筑装饰装修工程质量验收规范》（GB 50210—2001）规定：在天然石材安装前，应对石板采用"防碱背涂剂"进行背涂处理。

### 2.1 石材饰面锚固灌浆法施工工艺流程

选材、弹线及预排→饰面板的固定→灌浆操作→板缝处理。

### 2.2 石材饰面锚固灌浆法施工技术要点

采用较重型石板以及较重要的天然石板饰面工程，板厚20～30mm采用钢筋网绑扎锚固灌浆施工做法时，宜在建筑结构体（混凝土浇筑墙体及柱体工程）施工时按设计要求埋设钢筋环、钢筋钩、钢筋网双股18号铜丝穿过开孔板面与钢筋网绑扎或其他金属锚固件，铁制锚固件须经防锈处理。饰面石板的锚固灌浆安装示例图如图6-2所示。

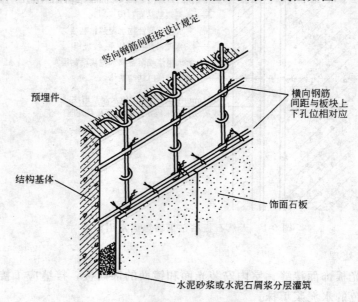

图6-2 饰面石板的锚固灌浆安装示例图

2.2.1 选材、弹线及预排

天然石材饰面板应根据产品的技术标准及设计要求进行选订，合格的板材按规格、品种、色泽分类选配，分别码放备用。每个部位的实际安装尺寸，应按板材的规格尺寸、灌浆厚度和拼接图案要求，通过实测实量确定饰面板的块数。需要对板材进行现场切割的部位及其尺寸，必须明确并保证其符合造型要求。

将墙面或柱面的长、宽、高尺寸核对准确，清理基层表面。对于不符合要求的结构基体的几何尺寸，要进行修整，以防止安装饰面板时产生误差。对照设计图纸，在立面基层上弹出垂直线与水平控制线，在地面上也应弹出饰面外边缘线，作为第一层板材的就位基准线。对于较为复杂的饰面拼花，应按大样图先在地面上摊摆板块，与墙、柱面的安装部位相对应进行预拼预排，确认合格后将板块逐一按顺序编号。石材阴阳角、墙面处理图如图 6-3、图 6-4、图 6-5 所示。

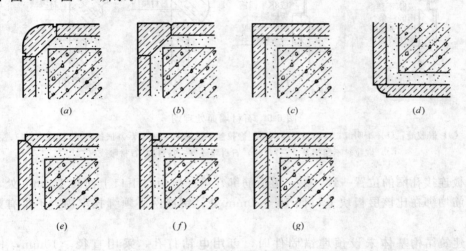

图 6-3 石材饰面阳角处理图
(a) 圆角；(b) 直角；(c) 直角；(d) 海棠角；(e) 倒直角；(f) 缺角；(g) 缺角

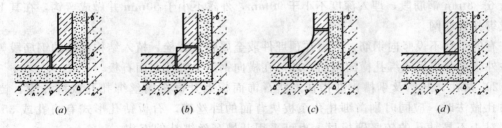

图 6-4 石材饰面阴角处理图
(a) 斜角；(b) 直角；(c) 圆角；(d) 对接直角

2.2.2 饰面板的固定

（1）绑扎固定灌浆法：在建筑基体预埋件上固定竖向钢筋，在竖向钢筋上固定横向钢筋，从而组成钢筋网，在钢筋网上固定饰面石板，按下述做法。

1) 绑扎钢筋网：剔凿出结构施工时预埋的钢筋环或其他预设锚固件，绑扎或焊接为直径 6～8mm、间距为 600～800mm（具体尺寸按设计规定）的竖向钢筋。横向钢筋必须

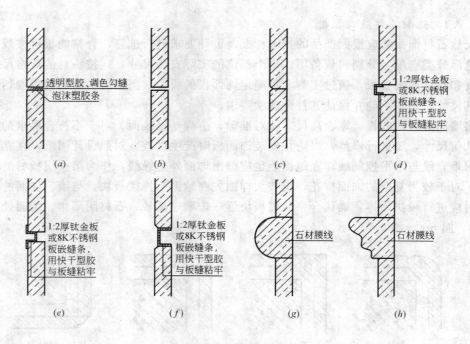

图 6-5 石材墙面处理图
(a) 嵌胶缝；(b) 干明缝；(c) 鱼尾缝；(d) 嵌拉丝不锈钢条（一）；(e) 嵌拉丝不锈钢条（二）；
(f) 嵌拉丝不锈钢条（三）；(g) 石材腰线（一）；(h) 石材腰线（二）

与饰面板连接孔网的位置一致，第一道横筋绑在第一层板材下口上面约 100mm 处，此后每道横筋均绑在比该层板块上口低 10～20mm 处。钢筋网必须绑扎牢固，不得有颤动和弯曲。

当建筑结构基体未设预埋锚固件时，可用电钻打孔，采用直径≥10mm，长度≥110mm 的金属膨胀螺栓插入固定作为锚固件，在其上焊接竖向钢筋，在竖向钢筋上绑扎横向钢筋，组成整体钢筋网。也可采用在结构基体上植入锚固件的方法，在基体上钻孔，插入 6～8mm 钢筋段，埋入深度不小于 90mm，外露不小于 50mm 并做成弯钩，在其上焊接或绑扎钢筋网。

有的工程不设竖向钢筋，只需在预埋件或金属膨胀螺栓、植入结构基体的钢筋段等锚固件外露部分焊接或绑扎横向钢筋，即可在横向钢筋上绑扎饰面石板。

2）钻孔、开槽及剔槽：即指在天然石饰面板上开设金属丝绑扎孔或绑扎槽。当采用钻孔做法时，应同时剔凿绑扎孔至板块背面的卧丝槽。石板钻孔形式有直孔或 35°斜孔，对于不易钻孔的较坚硬板材，也可采用开槽套丝绑扎的方式。

钻直孔及其卧丝槽剔凿方法与要求：按石板的编号顺序，在板块的侧边和背面钻孔或开槽。钻孔时，将板块的上、下两边端面用电钻打孔均不少于 2 个，孔深 25～30mm；若板宽超过 600mm 时，钻孔应不少于 3 个。孔径 5mm，孔位与钢筋网的横向钢筋标高相应。通常是在板块断面上由背面算起 2/3 板厚部位，划好孔位，与孔深相应的板背面也定出钻孔位置，孔位距板侧边边缘不小于 50mm（通常打 2 个孔时可设于板块横向边长的 1/4 处），然后钻孔，并使竖孔与横孔相连通。为使金属丝绑扎通过时不占饰面水平缝位置，可在板块端边孔壁处剔凿一道 5mm 深的凹槽，以便于绑扎时卧入金属

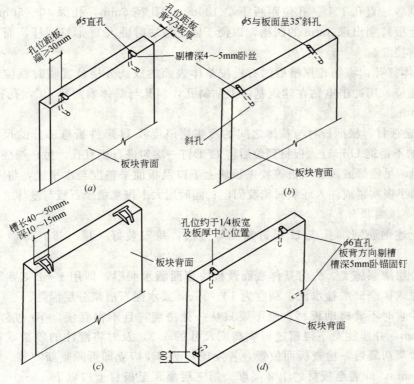

图 6-6 石材钻孔、开槽及剔槽（单位：mm）

丝。板块一端钻孔剔槽后即将其翻转，用同样方法处理其对应一端的钻孔和剔槽。石材钻孔、开槽及剔槽图如图 6-6 所示。

（2）绑扎固定饰面石板：把经过钻孔或开槽的板块背面、侧边均清洗洁净并自然阴干。将直径为 3mm 的不锈钢丝或 4mm 的铜丝截成 200～300mm 长段，对石板进行穿孔或套槽后与墙体钢筋网上的横向钢筋绑扎固定。从最下一层饰面板开始，先将两端用板块找平找直拉水平通线，即从一端或从中间顺序固定板材。先绑扎下口，再绑扎上口，并用托线板及靠尺板吊直靠平，用木楔垫稳，然后在板块横竖接缝处每隔 100～150mm 用石膏掺适量水泥拌制的糊状石膏水泥浆（白色饰面掺白水泥）作临时堵缝固定，其余缝隙均用石膏浆封严；对于设计要求尺寸较宽的饰面接缝，可在缝内填塞 15～20mm 深的麻丝或泡沫塑料条，以防漏浆。待堵缝石膏灰材料凝结硬化后进行灌浆，待灌浆材料凝结硬化后将堵缝材料清除。

1）金属件锚固灌浆法：采用金属件锚固石板的安装做法可免除绑扎钢筋网的工序，根据工程实际以及板材的品种、规格等情况确定锚固件形式，如圆杆锚固件、扁条锚固件和线形锚固件等，按锚固件与板块的连接方法确定板材的钻孔、开槽及板端开口方式。采用不锈钢 U 形销钉钩挂板材的方式，即是圆杆锚固件湿式安装石板的一种较为典型的做法。

2）板块钻孔及剔槽：如图 6-6 所示，在距板两端在 1/4 处的板厚中心钻直孔，孔径 6mm，孔深 40～50mm（与 U 形钉折弯部分的长度尺寸一致）。板宽≤600mm 时钻 2 个孔，板宽＞600mm 时钻 3 个孔，板宽＞800mm 时钻 4 个孔。然后将板调转 90°，将板块两侧边分别各钻直孔1个，孔位距板下端100mm，孔径6mm，孔深40～50mm，上、下直孔孔口至板背剔出深5mm的凹槽，以便于固定板块时卧入U形钉圆杆，而不影响板材饰面的严密接缝。

3) 基体打孔：将钻孔剔槽后的石板按基体表面的放线分格位置临时就位，对应于板块上、下孔位，用冲击电钻在建筑基体上钻斜孔，斜孔与基体表面呈45°，孔径5mm，孔深40～50mm。

4) 固定板材：根据板材与基体之间的灌浆层厚度及U形件折弯部分的尺寸，制备好5mm直径的不锈钢U形钉。板材到位后将U形钉一端勾进石板直孔，另一端插入基体上的斜孔，拉线、吊铅锤或用靠尺板等校正板块上下口及板面平整度与水平度，将U形件插入部分用硬木小楔塞紧或注入环氧树脂胶固定；同时用大木楔塞稳于石板与基体之间的空隙。

2.2.3 灌浆操作

采用上述钢筋网绑扎或U形钉锚固等方法，每安装好一层（排）饰面石板即进行灌浆。

(1) 分层灌浆施工：先将基体表面及板块背面洒水润湿，即用1:2.5水泥砂浆普通硅酸盐水泥或矿渣硅酸盐水泥，稠度为10～15cm或水泥石屑浆分层灌注。

灌注砂浆时不要碰动板材，也不要只从一处浇灌，且不得猛灌。第一层灌注高度为150～200mm，并应注意不得超过板块高度尺寸的1/3，及时将灌注的砂浆或石屑浆插捣密实。待砂浆初凝后，检查板面位置，若发现移动错位应立即拆除重新安装。第二层灌浆高度约100mm，即灌至板材的1/2高度。第三层灌浆至板材上口以下80～100mm，所留余量为上排板材继续灌浆时的结合层。每排板材灌浆完毕，应养护不少于24h，再进行其上一排板材的绑扎和分层灌浆。

按此分层灌注的方法依次逐层、逐排向上安装并固定板材，直至完成饰面。采用白色或浅色理石板饰面时，宜采用白水泥和白石屑灌浆材料，以免透底影响饰面效果。对于柱体及其他特殊部位的石板灌浆贴面，应在灌浆前采取夹固及其他临时保护措施，防止灌浆时石板位移。

第一排石板灌浆后约1～2h砂浆初凝后，清理饰面上口的残浆污染，用棉丝擦净；对于U形钉锚固灌浆做法的工程，隔日可拔除其临时木楔。分层灌浆如图6-7所示。

(2) 冬期外饰面施工：冬期宜采用暖棚法施工，无条件搭设暖棚时亦可采用冷做法施

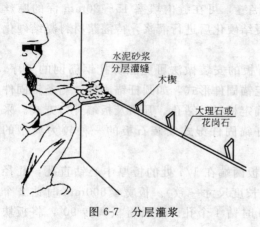

图6-7 分层灌浆　　　　　　　　图6-8 石材嵌灌胶缝

工，但应根据室外气温，在灌注砂浆或水泥石屑浆内掺入无氯盐抗冻剂，其掺量须经试验确定，严禁砂浆及石屑浆在硬化前受冻。在采取措施的情况下，每块板的灌浆次数可改为2次，缩短灌注时间；并应及时裹挂保温层，保温养护7～9d。

2.2.4 板缝处理

饰面缝隙的最终处理，所用材料按设计要求。一般干接的密缝宜用与石板颜色相同的水泥浆填抹；有一定宽度尺寸的离缝，在清除临时填、垫材料后用1∶1水泥细砂浆勾缝；或按设计要求在板缝内垫无粘结胶带（浅缝）或填塞聚乙烯塑料发泡条（深缝），于缝隙表面加注硅酮耐候密封胶。石材嵌灌胶缝如图6-8所示。

## 课题3 石材饰面卡件固定干挂法施工工艺

石材饰面干挂施工工艺即在石材上直接开槽或开孔，用钢连接件与结构基体内的膨胀螺栓或槽钢相连接而不需要灌注砂浆或细石混凝土，使饰面板与墙体间形成80～90mm宽的空气层的施工方法。它一般不适用于砖墙和混凝土砌块墙。适用于30m以下的钢筋混凝土基体上，不宜用于砖墙基体上，不可用于轻骨料填充墙上。

### 3.1 石材饰面干挂施工工艺流程

基层墙体处理→弹线→墙体打孔安装膨胀螺栓→竖向槽钢骨架安装槽钢防锈处理→安装连件→石材干挂→嵌缝擦缝→表面清洗。

### 3.2 石材饰面卡件固定干挂施工操作要点

3.3.1 基层检测处理

基层墙面检测垂直度和平整度。平整度误差不能大于10mm。超出部分凿去，凹陷不足部分用高强度等级水泥砂浆找平。

3.3.2 基层弹线

水平线以1m线标高为起点，四周连通，弹出每块石材的分割线，垂直线尽可能按块材尺寸，由阳角端向阴角端方向弹。

3.3.3 基层钻孔埋设膨胀螺栓

混凝土墙体用不锈钢膨胀螺栓固定连接件。孔位要依照弹线尺寸确定，孔径按选用的膨胀螺栓确定，一般比膨胀螺栓胀管直径大1mm。孔径深度必须达到选用膨胀螺栓胀管的长度，最后将膨胀管打入。

3.3.4 安装基层钢架

基层钢架是干挂石材的重点，由3部分组成：预埋铁板、[12竖向立柱槽钢、L5角铁横梁。预埋铁板选用Q235B（200mm×200mm×10mm）镀锌钢板，钢板间距符合石材的规格，由4$\phi$16化学膨胀螺栓与基层墙体相连接，螺帽必须拧紧，并用弹簧卡增加连接强度，孔中距板边50mm，钢板与镀锌槽钢连接板焊接焊缝厚度6mm，槽钢连接板长度约140mm，槽钢连接板与[12镀锌槽钢立柱用2$\phi$10不锈钢螺栓连接，螺栓拧紧后点焊焊死。槽钢立柱上焊接L5镀锌角铁马脚，长度70mm，马脚上开2$\phi$9圆孔，与L5镀锌角钢横梁用$\phi$10不锈钢螺栓连接，角铁横梁上开9mm×60mm长圆孔。螺栓拧紧后点焊焊死。钢架安装完毕，必须采用专用防锈漆进行三度除锈处理。

### 3.3.5 石材预排编号

石材安装前必须按排版图进行预排，石材安装时应保持上下左右颜色、花纹相仿，纹理通顺接缝严密吻合。遇有与周边石材颜色纹理不一致的石材，必须剔除，安置于阴角或底部不显眼的部位。

### 3.3.6 板材开孔

本工程所用的标准板面大小为 1000mm×1300mm 的大板，考虑强度因素每块板开 6 个孔（3 对）；孔位在板厚的中心线上，两端部的孔位距板两端 1/4 边长处，孔径≥25mm，孔深≥25mm。

### 3.3.7 安装连接件

控制饰面板与墙体之间留出 40～50mm，不大于 80mm 空腔。连接件选用 I.L.T 金属连接件，与横梁用 $\phi$10 不锈钢螺栓连接，横梁上开 $\phi$9 圆孔，连接件上开长圆孔。位置严格按板材开孔的位置。安装时必须调平，调直。

### 3.3.8 挂板

为了保证离缝的准确性，安装时在每条缝中安放两片厚度与缝宽要求相一致的塑料片。板材孔眼中填注云石胶与挂件相胶合。粘胶必须饱满。每安装完一块板必须检查它的水平和垂直度。检查水平和垂直度图如图 6-9 所示。

挂板顺序由底排向上排层层安装，并检测整面水平、垂直度。控制接缝宽度均匀一致。墙、柱面石材干挂施工典型做法节点图如图 6-10 所示，圆柱石材饰面剖面图如图 6-11 所示，干挂石材墙面节点如图 6-12 所示。

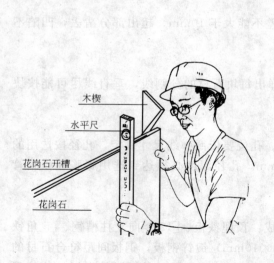

图 6-9 检查水平和垂直度

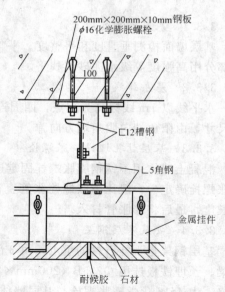

图 6-10 节点图（单位：mm）

### 3.3.9 嵌缝擦缝

嵌缝前基层面必须清理干净，基层面要干燥，以便确保嵌缝胶与基层良好的粘结。泡沫条直径要大于缝宽 4mm，确保泡沫条顶紧板材两边不留缝隙。泡沫条要深入板面 10mm。

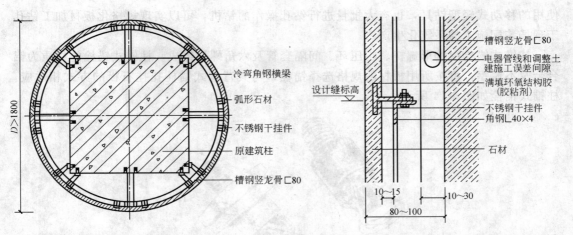

图6-11 圆柱石材饰面剖面图（单位：mm）　　图6-12 干挂石材墙面节点（单位：mm）

嵌缝胶选用中性耐候胶，要均匀地挤打，一要保证嵌缝胶与基板边粘结牢固，二要使外表呈凹形半圆状态，平整光滑美观。

3.3.10 表面清洗

施工时尽可能不要造成污染，减少清洗工作量，有效保护板材光泽。一般的色污可用草酸，双氧水刷洗，严重的色污可用双氧水与漂白粉掺在一起搅成面糊状涂于斑痕处，2~3天后铲除，色斑可逐步减弱。清洗完毕必须重新对板材磨光，上光腊。无法清洗的石材必须更换。

## 课题4 石材饰面背栓式干挂法施工工艺

柱锥式锚栓及其背栓式（或称"后切式"）石板幕墙施工系统技术，为石板饰面的干挂法作业开拓了一种崭新的形式。在建筑结构体立面安装金属龙骨，于石板背面开半孔，以特制的柱锥式锚栓与龙骨骨架连接固定后即完成石板幕墙施工。石板饰面的背挂式安装如图6-13所示。

### 4.1 石材饰面背栓式干挂法施工流程

基层墙体处理→弹线→墙体打孔安装膨胀螺栓→竖向槽钢骨架安装槽钢防锈处理→石板钻孔及锚栓的安装→石材干挂→嵌缝擦缝→表面清洗。

### 4.2 石材饰面背栓式干挂法施工技术要点

石板的钻孔采用其特制的柱锥式钻头，并采用压力水冲洗冷却系统，配备有现场

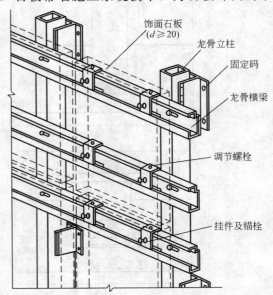

图6-13 石板饰面的背挂式安装（单位：mm）

使用的移动式轻型钻具,也有大批量进行钻孔操作的钻机,可以实现规格化板材加工钻孔于现场装配施工的系统化生产。

柱锥式锚栓由锥形螺杆、扩压环、间隔套管及六角螺母组成。柱锥式锚栓的材质为铝合金及不锈钢,可按所用板材的规格选择锚栓,与其背挂式锚栓托挂石板的方式相适应。柱锥式锚栓如图 6-14 所示。

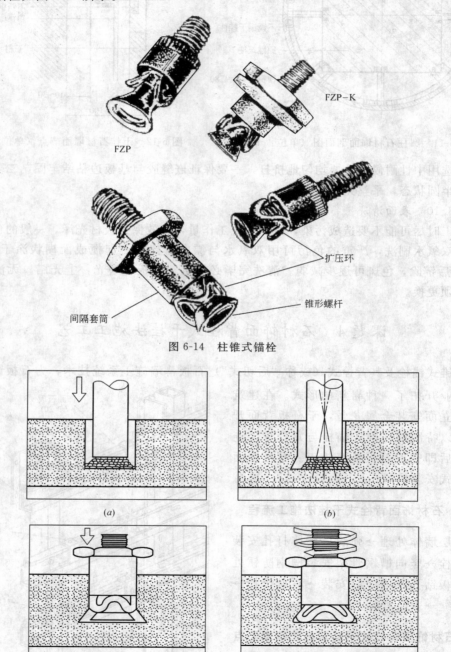

图 6-14 柱锥式锚栓

图 6-15 石板钻孔及锚栓的安装

4.2.1　石板钻孔及锚栓的安装

(1) 采用特制钻头,在石材饰面板背面的上、下设定钻孔孔位(板背上、下孔位要与龙骨横梁上的锚栓安装垂直位置一致),钻圆孔,孔深约为石板厚度尺寸的1/2～2/3(根据标准容许锚固厚度≥20mm的天然石板)。

(2) 在钻孔过程中,待达到既定深度后,将钻头略作倾斜,使孔底直径得到一定扩大。

(3) 退出钻头,向孔内置入锚栓。石板钻孔及锚栓的安装如图6-15所示。

4.2.2　石材干挂

推进锚栓的间隔套管,锚栓的扩压环沉至孔底即行扩张与孔型密切结合。采用柱锥式锚栓固定石板并与其金属龙骨系统相配套装配的石板幕墙,施工时可达到饰面板的准确就位,且方便调节、固定简易,可以消除饰面板的厚度误差。全部饰面安装完成后,可采用其配套的硅胶产品封闭板缝,对石板饰面无污染。

# 实训课题1　石材饰面锚固灌浆法实训

(1) 实训内容

石材饰面锚固灌浆法练习。

(2) 实训目的和要求

1) 了解石材的种类,选用标准与要求;

2) 掌握石材锚固灌浆法的操作要点;

3) 掌握石材锚固灌浆法的施工工艺;

4) 掌握石材锚固灌浆法的基本技能。

(3) 实训准备

1) 施工材料准备:石材、钢筋环、钢筋钩、$\phi 6$钢筋、18号铜丝等;

2) 施工机具准备:小水桶、喷壶、合金钢扁錾子、合金钢钻头(打眼用)、铁制水平尺、方尺、靠尺板、底尺、托线板、线坠、粉线包、木楔子、木抹子、擦布或海绵、石材切割机等;

3) 实习场地:实训教室(每人约$4m^2$的操作空间,有已完成打底、找平的墙面)。

(4) 相关知识和操作要领

1) 采用钢筋网绑扎锚固灌浆施工做法时,宜在建筑结构体(混凝土浇筑墙体及柱体工程)施工时按设计要求埋设钢筋环、钢筋钩、钢筋网双股18号铜丝穿过开孔板面与钢筋网绑扎或其他金属锚固件,铁制锚固件须经防锈处理。

2) 花岗石的放射性,水泥的凝结时间、安定性和抗压强度应有复验报告。天然石材饰面板应根据产品的技术标准及设计要求进行选订。合格的板材按规格、品种、色泽分类选配,分别码放备用。

3) 弹完水准线、板面层线之后应有检验记录。应进行预拼预排,确认合格后将板块逐一按顺序编号。剔凿出结构施工时预埋的钢筋环或其他预设锚固件,绑扎或焊接直径为6～8mm、间距为600～800mm(具体尺寸按设计规定)的竖向钢筋。横向钢筋必须与饰面板连接孔网的位置一致,第一道横筋绑在第一层板材下口上面约100mm处,此后每道横筋均绑在比该层板块上口低10～20mm处。钢筋网必须绑扎牢固,不得有颤动和弯曲。

4) 焊钢筋网之前对预埋件和连接节点,若板宽超过600mm时,钻孔应不少于3个。孔径

5mm，孔位与钢筋网的横向钢筋标高相应，通常是在板块断面上由背面算起2/3板厚部位。

5）安装第一层板之前先将水准墨线引至第一层板的板顶高度完成面上，作为高程控制线。在阴角墙面上利用墨线弹在相邻墙面上，阳角垂直线可以利用墨线固定在顶棚和地面上，再加楼板上的横向面层线构成板面横平竖直的控制网。

6）分层灌浆施工用1:2.5水泥砂浆普通硅酸盐水泥或矿渣硅酸盐水泥，第一层灌注高度为150~200mm，并应注意不得超过板块高度尺寸的1/3，及时将灌注的砂浆或石屑浆插捣密实。待砂浆初凝后，检查板面位置，若发现移动错位应立即拆除重新安装。第二层灌浆高度约100mm，灌至板材的1/2高度。第三层灌浆至板材上口以下80~100mm，所留余量为上排板材继续灌浆时的结合层。每排板材灌浆完毕，应养护不少于24h，再进行其上一排板材的绑扎和分层灌浆。

7）清理板面：一层饰面板灌完浆初凝之后，方可清理上口余浆，并用棉纱擦干净，隔天再清理石板上口木楔。再按上述程序安装上一层饰面板，直至镶贴安装完毕。

8）嵌缝：全部安装完之后、清除所有的石膏及余浆残迹，然后用与石板颜色相同的白水泥调配的色浆嵌缝，边嵌边擦干净，缝隙密实，颜色一致。

9）抛光：由于施工过程中的污染其镜面板材失去光泽，所以在安装完成后抛光打蜡。

（5）评判标准

考核项目及评分标准如表6-2所示。

考核项目及评分标准  表6-2

| 序号 | 考核项目 | 检查方法 | 测数(处) | 允许偏差 | 评分标准 | 满分(分) | 得分(分) |
|---|---|---|---|---|---|---|---|
| 1 | 无明显色差 | 观察 | 任意 | | 有明显色差无分 | 7 | |
| 2 | 粘结 | 敲击 | 任意 | | 牢固、无空鼓。有空鼓超过规范者扣3分 | 10 | |
| 3 | 板块挤靠紧密，无缝隙，缝痕通直无错缝，表面平整洁净，图案清晰，无磨划痕，周边顺直方正 | 观察，用脚着力趟扫无挡脚感 | 任意 | | 一处不合格扣2分 | 10 | |
| 4 | 石板缝痕与石板颜色一致，擦缝饱满与否，板平齐、洁净、美观 | 观察 | 任意 | | 有明显缺陷，每点扣2分 | 7 | |
| 5 | 用料尺寸准确，边角整齐，拼接严密，接缝顺直 | 观察、尺量 | 任意 | | 每点不合格扣2分 | 8 | |
| 6 | 表面平整度 | 靠尺、楔型塞尺 | 5 | 1mm | 每点不合格扣2分 | 6 | |
| 7 | 缝格平直 | 拉通线尺量 | 任意 | 1mm | 每点不合格扣2分 | 8 | |
| 8 | 接缝高低差 | 靠尺、塞尺 | 5 | 0.5mm | 每点不合格扣2分 | 8 | |
| 9 | 板块间隙宽度（密缝） | 塞尺 | 5 | ≤0.5mm | 每点不合格扣1分 | 4 | |
| 10 | 工艺操作规程 | 靠尺、楔型塞尺 | 5 | 1mm | 错误无分，局部小失误扣1~11分 | 12 | |
| 11 | 安全生产 | | | | 有事故无分，有隐患扣1~4分 | 5 | |
| 12 | 文明施工 | | | | 不做落手清扣5分 | 5 | |
| 13 | 功效 | | | | 根据项目，按照劳动定额进行。低于定额90%无分；在90%~100%之间的扣1~9分；超过定额的酌情加1~3分 | 10 | |

(6) 实训注意事项

1) 安装前预排，编号和试拼，分层灌浆法的规范要求安装高度小于 2m。

2) 分次灌浆过高容易造成石板外移或板面错动，以致出现接缝不平，高低差过大，因此要留有余地。

3) 灌浆稠度大，使砂浆不能流动或因钢筋网阻挡造成该处不实会造成空鼓。最后清理石膏，剔凿用力过大，使板材振动空鼓，缺乏养护，脱水过早，也会产生空鼓等。

4) 有的大理石石质较差，色纹多，出现粘贴部位不当，墙面上下空隙留得较少，常受到各种外力影响，出现在色纹暗缝或其他隐伤等处，产生不规则的裂缝。

5) 块材在搬运和操作中被砂浆等污染，未及时清洗或安装后成品保护不好所致，应随手擦净，以免时间过长污染板面。此外，还应防止酸碱类化学品，有色液体等直接接触大理石等表面，造成污染。

6) 施工记录要详细，要进行饰面板工程质量自检与合格质量判定。

7) 练习完成后，要做到落手清（把施工现场整理干净）。

## 实训课题 2　石材饰面卡件固定干挂法实训

(1) 实训内容

石材饰面卡件固定干挂法实训。

(2) 实训目的和要求

1) 了解石材的种类，选用标准与要求；

2) 掌握石材卡件固定干挂法的操作要点；

3) 掌握石材卡件固定干挂法的施工工艺；

4) 掌握石材卡件固定干挂法的基本技能，及作业中的埋件设置，开槽或开角，连接安装，误差调整，防水处理，擦缝等。

(3) 实训准备

1) 施工材料准备：石材、不锈钢卡件、膨胀螺栓、槽钢、角钢、石材专用胶等；

2) 施工机具准备：电钻及钻头、石材切割机、木榔头等；

3) 实习场地：实训教室（每人约 4m$^2$ 操作空间，有已完成打底、找平的墙面）。

(4) 相关知识和操作要领

1) 安装前预排，编号和试拼，检查石材的品种、大小、颜色、花纹。

2) 为了保证石材面的平整、垂直，安装之前首先要做偏差测量。基层墙面检测垂直度和平整度。平整度误差不能大于 10mm。超出部分凿去，凹陷不足部分用高强度等级水泥砂浆找平。

3) 石材面层位置确定后，分析和调整挂件，确定是否能满足安装要求，若不能满足要求立即与设计人员联系，采取补救措施。

4) 转角挂板与其他专业之间位置的偏差测量，确定实际位置，提供挂板安装的准确尺寸。对于在挂板与其他专业交界面位置出现偏差，要通过设计综合考虑安排调整。

5) 弹放挂板外皮线的依据是原有的结构轴线和水准线，以保证与其他专业的衔接和协调。挂板的转角部位均应挂钢丝立线。

6) 由轴线、水平线、钢丝立线构成了干挂石材的控制网，轴线控制石材面板的外皮位置，水平线控制踢脚板、墙、柱裙板及腰线和板缝的水平位置，墙、柱的上口位置以及所有水平缝的通顺。

7) 在混凝土柱上钻后埋置件的孔位，钻孔时必须保持钻机与墙、柱面的垂直。钻孔完毕应将孔内清理干净，其深度应达到锚栓的埋深要求。如遇钢筋可移动孔位，但是墙面上相邻的两孔之间的距离不得小于3倍的孔径，最大不得大于60mm，孔位移动后必须将墙面原孔用高强度水泥砂浆封堵。如果石材已钻孔，则原销钉孔位置必须用经石材厂家认可的结构胶修补，且新钻孔距原孔的距离不得小于50mm。

8) 挂件的选择和安装：选择有原则是墙面和石材之间距离，加长或减短挂件。如遇到凸出的混凝土应在不伤害结构的基础上剔凿，否则应考虑更换挂件体系或与设计人员协商解决。安装连接件、挂板，挂板顺序由底排向上排层层安装，并检测整面水平、垂直度，控制接缝宽度均匀一致。

(5) 评判标准

同课题1。

(6) 实训注意事项

1) 饰面板的品种、规格、颜色和性能，饰面板孔、槽的数量、位置和尺寸应符合设计要求。

2) 饰面板安装工程的预埋件（或后置埋件）、连接件的数量、规格、位置、连接方法和防腐处理必须符合设计要求。后置埋件的现场拉拔强度必须符合设计要求。饰面板安装必须牢固。

3) 饰面板表面应平整、洁净、色泽一致，无裂痕和缺损。石材表面应无泛碱等污染。饰面板嵌缝应密实、平直，宽度和深度应符合设计要求，嵌填材料色泽应一致。饰面板上的孔洞应套割吻合，边缘应整齐。

4) 施工记录要详细，要进行饰面砖工程质量自检与合格质量判定。

5) 练习完成后，要做到落手清（把施工现场整理干净）。

## 实训课题3 石材饰面背栓式干挂法实训

(1) 实训内容

石材饰面背栓式干挂法实训。

(2) 实训目的和要求

1) 了解石材的种类，选用标准与要求；

2) 掌握石材背栓式干挂法的操作要点；

3) 掌握石材背栓式干挂法的施工工艺；

4) 掌握石材背栓式干挂法的基本技能，及作业中的埋件设置、钻孔、连接、安装等。

(3) 实训准备

1) 施工材料准备：石材、铝合金或轻钢龙骨、挂件、膨胀螺栓、铁板、槽钢、角钢等；

2) 施工机具准备：合金钢扁錾子、合金钢钻头（打眼用）、铁制水平尺、方尺、靠尺板、底尺、托线板、线坠、粉线包、木楔子、擦布或海绵、石材切割机、电钻及钻头等；

3) 实习场地：实训教室（每人约 4m² 操作空间，有已完成打底、找平的墙面）。

（4）相关知识和操作要领

1) 石板的钻孔采用其特制的柱锥式钻头，并采用压力水冲洗冷却系统，配备有现场使用的移动式轻型钻具，也有大批量进行钻孔操作的钻机，可以实现规格化板材加工钻孔于现场装配施工的系统化生产。

2) 柱锥式锚栓由锥形螺杆、扩压环、间隔套管及六角螺母组成。柱锥式锚栓的材质为铝合金及不锈钢，可按所用板材的规格选择锚栓。与其背挂式锚栓托挂石板的方式相适应。

3) 采用特制钻头，在石材饰面板背面的上、下设定钻孔孔位，钻圆孔孔深约为石板厚度尺寸的 1/2~2/3。在钻孔过程中，待达到既定深度后，将钻头略作倾斜，使孔底直径得到一定扩大。退出钻头，向孔内置入锚栓。推进锚栓的间隔套管，锚栓的扩压环沉至孔底即行扩张与孔型密切结合。完成后，采用其配套的硅胶产品封闭板缝。

（5）评判标准

同课题 1。

（6）实训注意事项

1) 饰面板的品种、规格、颜色和性能，饰面板孔、槽的数量、位置和尺寸应符合设计要求。

2) 饰面板安装工程的连接件的数量、规格、位置、连接方法和防腐处理必须符合设计要求。后置埋件的现场拉拔强度必须符合设计要求。饰面板安装必须牢固。

3) 饰面板表面应平整、洁净、色泽一致，无裂痕和缺损。石材表面应无泛碱等污染。饰面板嵌缝应密实、平直，宽度和深度应符合设计要求，嵌填材料色泽应一致。饰面板上的孔洞应套割吻合，边缘应整齐。

4) 施工记录要详细，要进行饰面砖工程质量自检与合格质量判定。

5) 练习完成后，要做到落手清（把施工现场整理干净）。

## 实训课题 4　石材湿贴地面实训

（1）实训内容

石材湿贴地面练习

（2）实训目的和要求

1) 了解石材的种类，选用标准与要求；

2) 掌握石材湿贴地面的操作要点；

3) 掌握石材湿贴地面的施工工艺；

4) 掌握石材湿贴地面的基本技能，湿作业中面板切割，找规矩、弹线与擦缝等。

（3）实训准备

1) 施工材料准备：石材、水泥、黄砂等；

2) 施工机具准备：水桶、木抹子、铁抹子、喷壶、水平尺、墨斗、粉线包、擦布或海绵、石材切割机等；

3）实习场地：实训教室（每人约 4m² 操作空间）。

(4) 相关知识和操作要领

1) 天然花岗石板和大理石板饰面宜采用直接粘贴方式进行施工，其基层应是坚固的混凝土基础。粘结工程所用粘结砂浆或新型的高强度多用途胶粘剂及石材粘合专用胶粘剂产品，均应通过试验方可正式使用。基础应有足够的强度、刚度和稳定性，基层表面应平整、洁净。

2) 抹底灰底，找规矩并分层抹平。底灰宜采用 1∶3 水泥砂浆，找规矩并分层抹平，总厚度 12～15mm，表面划毛。抹底灰前，可先在基层表面涂抹水灰比为 0.40～0.55、厚度为 2mm 的水泥浆层（或聚合物水泥浆层）作结合层，底层砂浆分数次抹压后在其初凝前将表面进行毛化处理。

3) 放线定位，弹出水平和垂直控制线、分格线、分块线。按设计图纸和实际贴面的部位，以及饰面石板的规格尺寸，弹出水平和垂直控制线、分格线、分块线。对于有较复杂的拼花或采用不同规格尺寸的板材进行镶贴的墙面、柱面及装饰造型体表面，应按大样图将石板编号。为保证饰面板的接缝严密、不渗水，弹线时应注意饰面板的接缝宽度。

4) 粘贴面板，将基层表面洒水湿润，薄抹一层水泥浆或其他与专业胶粘剂相配套的打底材料；然后在饰面板块背面抹专业胶粘剂。专业胶粘剂可采用水泥浆、聚合物水泥浆、新型水泥基粘结材料或其他新型胶粘剂，亦可采用 1∶2 水泥砂浆或聚合物水泥砂浆，根据工程实际由设计确定。

(5) 评判标准

同课题 1。

(6) 实训注意事项

1) 基层处理不好，对板材质量没有严格挑选，施工操作不当，容易造成石板外移或板面错动，以致出现接缝不平，高低差过大。

2) 有的大理石石质较差，色纹多，出现粘贴部位不当，空隙留得较少，常受到各种外力影响，出现在色纹暗缝或其他隐伤等处，产生不规则的裂缝。

3) 块材在搬运和操作中被砂浆等物污染，未及时清洗或安装后成品保护不好所致，应随手擦净，以免时间过长污染板面。此外，还应防止酸碱类化学品，有色液体等直接接触大理石等表面，造成污染。

4) 施工记录要详细，要进行饰面板工程质量自检与合格质量判定。

5) 练习完成后，要做到落手清（把施工现场整理干净）。

# 思考题

1. 石材饰面湿贴法与干挂法的区别是什么？
2. 干挂法中使用的锥式锚栓所起的作用与意义有哪些？
3. 画出石材饰面湿贴法与干挂法构造图。
4. 石材背栓式干挂法的施工工艺与石材卡件固定干挂法有哪些区别？

# 附 录 一

## 1.1 镶贴工的工作范围及技术等级评定

### 1.1.1 镶贴工的工作范围

(1) 抹水泥方柱、圆柱、楼梯、腰线、挑檐、阴阳角线的操作方法。
(2) 抹水刷石、斩假石、干粘石、蘑菇石墙面（包括分割划线）、窗台及水泥拉毛。
(3) 镶贴各种饰面砖、板（墙面、地面、方柱、圆柱及柱墩、柱帽）的操作方法。
(4) 在不同的气候条件下，抹特种砂浆（包括配料）和养护方法。
(5) 抹带有线脚的腰线、门头、方柱、圆柱及柱墩、柱帽。
(6) 做普通美术水磨石地面，有挑口的美术水磨石楼梯。
(7) 石灰或水泥罩面。
(8) 参照图纸堆塑各种花饰（包括线脚）。
(9) 按详图或实物放样板、翻新实样。
(10) 按图计算工料。
(11) 干挂及湿贴大理石、花岗石板材及各种石材线脚的安装。
(12) 安装石材台面、切挖孔洞及安装。
(13) 掌握石材缺陷的修补技术。

### 1.1.2 镶贴工的技术等级评定

镶贴工的技术等级分为初级、中级和高级。

镶贴工初级工技能鉴定规范                                                附表 1

| 项目 | 鉴定范围 | 鉴定内容 | 鉴定比重 | 备注 |
|---|---|---|---|---|
| 知识要求 | | | 100% | |
| 基本知识 15% | 1. 识图 9% | 识图的基本知识 | 7% | 掌握 |
| | 2. 房屋构造 6% | 民用建筑构造的基本知识 | 6% | 了解 |
| 专业知识 70% | 1. 抹灰材料 16% | 1) 水泥的种类、性能、用途及保管方法 | 4% | 了解 |
| | | 2) 天然砂的种类、性能 | 4% | |
| | | 3) 粗骨料的种类、性能、用途 | 4% | |
| | | 4) 胶料的种类、性能、用途 | 4% | |
| | 2. 基层 10% | 1) 内外墙面的基层质量要求 | 4% | 了解 |
| | | 2) 地面、楼梯的基层质量要求 | 4% | |
| | | 3) 顶板基层的质量要求 | 2% | |
| | 3. 抹灰工艺 13% | 1) 抹灰程序、方法及质量标准 | 8% | 了解 |
| | | 2) 普通抹灰的质量验收要求 | 5% | 掌握 |
| | 4. 砌筑工艺 8% | 一般材料的砌筑工艺 | 8% | 了解 |
| | 5. 饰面砖镶贴 12% | 1) 一般饰面砖的品种、性能、外观质量要求 | 6% | 了解 |
| | | 2) 一般饰面砖的施工工艺 | 6% | |
| | 6. 施工规范、质量验收要求 3% | 本工种的施工规范、质量验收要求 | 3% | 了解 |
| | 7. 勾缝 8% | 勾缝质量验收要求 | 8% | 掌握 |

续表

| 项目 | 鉴定范围 | 鉴定内容 | 鉴定比重 | 备注 |
|---|---|---|---|---|
| 相关知识15% | 1. 机械5% | 砂浆搅拌机、切割机的性能、用途、使用方法 | 5% | 熟悉 |
| | 2. 其他10% | 本工种的安全技术操作规程 | 10% | 了解 |
| 操作要求 | | | 100% | |
| 操作技能70% | 1. 抹灰20% | 1)墙面抹灰挂线、冲筋 | 6% | 熟练 |
| | | 2)室内外墙面和顶棚的普通抹灰 | 7% | 熟练 |
| | | 3)挂网抹灰 | 3% | 掌握 |
| | | 4)地面抹灰 | 4% | 熟练 |
| | 2. 砌筑8% | 砌筑填充墙和隔墙 | 8% | 掌握 |
| | 3. 镶铺贴18% | 1)普通抹灰墙面的一般饰面砖的镶贴 | 9% | 掌握 |
| | | 2)地面的一般面砖的铺贴 | 9% | |
| | 4. 质量缺陷的处理12% | 1)墙面抹灰的一般缺陷(如空鼓等)的修理方法 | 6% | 掌握 |
| | | 2)地面抹灰的一般缺陷(如空鼓等)的修理方法 | 6% | |
| | 5. 和灰12% | 1)按照配合比的要求,进行准确配料 | 6% | 熟练 |
| | | 2)按照操作方法进行和灰 | 6% | |
| 工具设备使用15% | 1. 工具设备8% | 1)饰面手工工具的使用方法 | 4% | 熟练 |
| | | 2)饰面机动工具的使用方法 | 4% | |
| | 2. 检测工具7% | 1)水平尺的使用方法 | 2% | 掌握 |
| | | 2)线坠的使用方法 | 2% | |
| | | 3)方尺的使用方法 | 3% | |
| 安全及其他15% | 1. 安全10% | 1)安全施工的一般规定 | 5% | 掌握 |
| | | 2)防止触电、机械伤害的自我保护意识和行为方法 | 5% | |
| | 2. 文明施工5% | 1)工完料清、文明施工 | 2% | 良好 |
| | | 2)各类材料堆放与保护 | 2% | |
| | | 3)成品、半成品保护 | 1% | |

**镶贴工中级工技能鉴定规范** 附表2

| 项目 | 鉴定范围 | 鉴定内容 | 鉴定比重 | 备注 |
|---|---|---|---|---|
| 知识要求 | | | 100% | |
| 基本知识15% | 1. 识图10% | 1)根据施工图纸,确定施工部位、所用材料 | 7% | 掌握 |
| | | 2)看懂本工种施工图 | 3% | 掌握 |
| | 2. 房屋构造5% | 民用建筑构造的基本知识 | 5% | 掌握 |
| 专业知识60% | 1. 花饰线脚8% | 1)花饰线脚的粘贴方法 | 4% | 掌握 |
| | | 2)花饰线脚的质量标准 | 4% | 熟悉 |
| | 2. 工艺18% | 1)带有线脚的方、圆柱、腰线、挑檐和阴阳线脚的抹灰施工工艺 | 5% | 掌握 |
| | | 2)镶贴、挂贴饰面砖、大理石、花岗石板材的施工工艺 | 5% | |
| | | 3)干挂大理石和花岗石的施工工艺 | 8% | |
| | 3. 石材8% | 1)石材的品种特征、性能 | 4% | 了解 |
| | | 2)板材的一般规格、质量要求 | 4% | |
| | 4. 砂浆12% | 1)防水、防腐、耐热、保温等特种砂浆的配制、操作方法和养护方法 | 6% | 掌握 |
| | | 2)常用抹灰砂浆的配比、技术性能、使用部位、掺外加剂常识和调剂方法 | 6% | |
| | 5. 质量验收及质量通病防治等14% | 1)抹灰工程的质量通病的防治办法 | 5% | 掌握 |
| | | 2)一般抹灰、饰面砖粘贴等工程质量验收及饰面砖粘贴强度检验的方法和要求 | 6% | |
| | | 3)不同气候对抹灰工程的影响 | 3% | |

续表

| 项目 | 鉴定范围 | 鉴定内容 | 鉴定比重 | 备注 |
|---|---|---|---|---|
| 相关知识 25% | 1. 班组管理 9% | 班组管理的基本知识 | 9% | 掌握 |
| | 2. 机具设备 8% | 常用机具设备的性能、使用及维护方法 | 8% | 掌握 |
| | 3. 安全 8% | 1)安全技术操作规程 | 5% | 掌握 |
| | | 2)安全一般规定 | 3% | 熟悉 |
| 操作要求 | | | 100% | |
| 操作技能 70% | 1. 抹灰 14% | 1)水泥方柱、圆柱、楼梯、腰线、挑檐、阴阳脚线的操作方法 | 3% | 掌握 |
| | | 2)抹水刷石、斩假石(即为剁斧石)、干粘石墙面(包括分格划线)、窗台及水泥拉毛 | 3% | |
| | | 3)在不同气候条件下,抹特种砂浆(包括配料)和养护方法 | 4% | |
| | | 4)抹带有线脚的腰线、门头、方柱、圆柱及柱墩、柱帽 | 4% | |
| | 2. 镶贴 16% | 镶贴各种饰面砖、板(墙面、地面、方柱、圆柱及柱墩、柱帽)的操作方法 | 16% | 熟练 |
| | 3. 水磨石 12% | 1)做普通美术水磨石地面 | 6% | 掌握 |
| | | 2)做有挑口的美术水磨石楼梯 | 6% | |
| | 4. 干挂、湿贴及安装等 18% | 1)大理石、花岗石的干挂 | 5% | 熟练 |
| | | 2)大理石、花岗石的湿贴 | 5% | 熟练 |
| | | 3)各种石材线脚的安装 | 4% | 掌握 |
| | | 4)石材台面的安装 | 2% | 掌握 |
| | | 5)石材台面孔洞切挖 | 2% | 掌握 |
| | 5. 其他 10% | 1)参照图纸堆塑各种化石(包括线脚) | 2% | 掌握 |
| | | 2)按详图或实物放实样、翻新实样 | 3% | |
| | | 3)按图计算工料 | 3% | |
| | | 4)石材缺陷的修补技术 | 2% | |
| 机具设备 10% | 机具设备 10% | 1)机具设备的使用 | 5% | 掌握 |
| | | 2)机具设备的维护 | 5% | |
| 安全 20% | 1. 安全生产 10% | 1)高空作业安全生产 | 4% | 熟练 |
| | | 2)机械喷涂抹灰安全 | 2% | |
| | | 3)脚手架使用安全生产 | 4% | |
| | 2. 机械与用电 10% | 1)砂浆搅拌机安全技术 | 2% | 熟练 |
| | | 2)手持电动工具安全技术 | 4% | |
| | | 3)防止触电具体措施 | 4% | |

镶贴工高级工技能鉴定规范    附表3

| 项目 | 鉴定范围 | 鉴定内容 | 鉴定比重 | 备注 |
|---|---|---|---|---|
| 知识要求 | | | 100% | |
| 基本知识 25% | 1. 识图 13% | 1)建筑施工图、结构施工图和构配件标准图 | 5% | 掌握 |
| | | 2)相关详图 | 5% | 掌握 |
| | | 3)建筑图纸分类以及图纸中的构配件代号 | 3% | |
| | 2. 房屋构造 12% | 1)民用建筑构造与主要组成 | 5% | 掌握 |
| | | 2)建筑房屋按力的传递组合、衔接 | 5% | |
| | | 3)镶贴工在装饰装修业中的作用 | 2% | |
| 专业知识 50% | 1. 天然石材 5% | 1)常用天然大理石和花岗石的识别 | 1% | 掌握 熟悉 |
| | | 2)常用天然大理石和花岗石的特性 | 1% | |
| | | 3)常用天然大理石和花岗石品级的鉴定 | 1% | |
| | | 4)简述天然石材可能产生的污染 | 1% | |
| | | 5)天然石材的运输和贮存方法 | 1% | |

续表

| 项目 | 鉴定范围 | 鉴定内容 | 鉴定比重 | 备注 |
|---|---|---|---|---|
| 专业知识 50% | 2. 预制水磨石板材 5% | 1)水磨石板材的主要原料 | 1% | 掌握 |
| | | 2)水磨石板材的分类 | 1% | |
| | | 3)水磨石板材等级鉴别 | 1% | |
| | | 4)水磨石板材的特性 | 1% | |
| | | 5)水磨石板材的贮存方法 | 1% | |
| | 3. 人造大理石板材 3% | 1)人造大理石的特性 | 1% | 了解 |
| | | 2)人造大理石的优缺点 | 2% | 了解 |
| | 4. 饰面砖 15% | 1)饰面砖的分类 | 6% | 掌握 |
| | | 2)饰面砖的等级鉴定 | | |
| | | 3)饰面砖的特性 | 6% | |
| | | 4)常用饰面砖的规格尺寸 | | |
| | | 5)饰面砖的贮存方法 | 3% | |
| | 5. 陶瓷锦砖 3% | 1)陶瓷锦砖的分类 | 1% | 掌握 |
| | | 2)陶瓷锦砖的等级鉴别 | 1% | |
| | | 3)陶瓷锦砖的贮存方法 | 1% | |
| | 6. 玻璃锦砖 1% | 玻璃锦砖的鉴别测试项目 | 1% | |
| | 7. 施工工艺及操作规程 18% | 1)各种板材的挂、贴施工工艺及操作规程 | 9% | |
| | | 2)各种板材的镶贴施工工艺及操作规程 | 9% | |
| 相关知识 25% | 1. 班组管理 9% | 班组管理的基本知识 | 9% | 掌握 |
| | 2. 机具设备 8% | 常用机具设备的性能、使用及维护方法 | 8% | 掌握 |
| | 3. 安全 8% | 1)安全技术操作规程 | 5% | 掌握 |
| | | 2)安全一般规定 | 3% | 熟悉 |
| 操作要求 | | | 100% | |
| 操作技能 70% | 1. 抹灰 14% | 1)水泥方柱、圆柱、楼梯、腰线、挑檐、阴阳脚线的操作方法 | 3% | 掌握 |
| | | 2)抹水刷石、斩假石(即为剁斧石)、干粘石墙面(包括分格划线)、窗台及水泥拉毛 | 3% | |
| | | 3)在不同气候条件下,抹特种砂浆(包括配料)和养护方法 | 4% | |
| | | 4)抹带有线脚的腰线、门头、方柱、圆柱及柱墩、柱帽 | 4% | |
| | 2. 镶贴 16% | 镶贴各种饰面砖、板(墙面、地面、方柱、圆柱及柱墩、柱帽)的操作方法 | 16% | 熟练 |
| | 3. 水磨石 12% | 1)做普通美术水磨石地面 | 6% | 掌握 |
| | | 2)做有挑口的美术水磨石楼梯 | 6% | |
| | 4. 干挂、湿贴及安装等 18% | 1)大理石、花岗石的干挂 | 5% | 熟练 |
| | | 2)大理石、花岗石的湿贴 | 5% | 熟练 |
| | | 3)各种石材线脚的安装 | 4% | 掌握 |
| | | 4)石材台面的安装 | 2% | 掌握 |
| | | 5)石材台面孔洞切挖 | 2% | 掌握 |
| | 5. 其他 10% | 1)参照图纸堆塑各种化石(包括线脚) | 2% | 掌握 |
| | | 2)按详图或实物放样、翻新实样 | 3% | |
| | | 3)按图计算工料 | 3% | |
| | | 4)石材缺陷的修补技术 | 2% | |
| 机具设备 10% | 机具设备 10% | 1)机具设备的使用 | 5% | 掌握 |
| | | 2)机具设备的维护 | 5% | 掌握 |
| 安全 20% | 1. 安全生产 10% | 1)高空作业安全生产 | 4% | 熟练 |
| | | 2)机械喷涂抹灰安全 | 2% | |
| | | 3)脚手架使用安全生产 | 4% | |
| | 2. 机械与用电 10% | 1)砂浆搅拌机安全技术 | 2% | 熟练 |
| | | 2)手持电动工具安全技术 | 4% | |
| | | 3)防止触电具体措施 | 4% | |

# 附 录 二

## 陶瓷锦砖(有纸)地面施工工序

将胶粘剂用2～3mm的齿抹刀均分

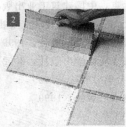
贴上陶瓷锦砖片

用橡胶镘刀压牢陶瓷锦砖

将海绵湿水并浸湿陶瓷锦砖表面纸

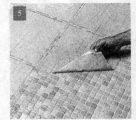
将纸张撕下并清洁陶瓷锦砖

用橡胶镘刀填缝

用海绵清理缝隙

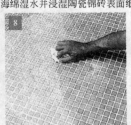
用干布清理表面

## 陶瓷锦砖(无纸)地面施工工序

将胶粘剂用2～3mm的齿抹刀均分

贴上陶瓷锦砖片

用橡胶镘刀压牢

用橡胶镘刀填缝

用海绵清理缝隙

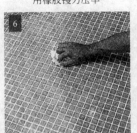
用干布清理表面

# 参 考 文 献

[1] 中国建筑装饰协会培训中心组织编写. 建筑装饰装修镶贴工（初级工 中级工）. 北京：中国建筑工业出版社，2003
[2] 赵斌主编. 建筑装饰材料. 天津：天津科技出版社，2005
[3] 吴自强主编. 新型墙体材料. 武汉：武汉理工大学出版社，2002
[4] 顾建平主编. 建筑装饰施工技术. 天津：天津科学技术出版社，1997
[5] 杨天佑主编. 建筑装饰工程施工（第3版）. 北京：中国建筑工业出版社，2003
[6] 王朝熙主编. 建筑装饰装修施工工艺标准手册. 北京：中国建筑工业出版社，2004
[7] 朱维益主编. 抹灰手册（第2版）. 北京：中国建筑工业出版社，1999
[8] 梁玉成主编. 建筑识图（第3版）. 北京：中国环境科学出版社，2002
[9] 金分树主编. 新型墙体材料. 合肥：安徽科技大学出版社，1999
[10] 王萧主编. 建筑装饰构造. 上海：上海科技技术出版社，1999